ANIMAL SCIENCE

林 良博・佐藤英明・眞鍋 昇［編］

第2版

アニマルサイエンス❹
ブタの動物学

田中智夫［著］

東京大学出版会

Pig Science 2nd Edition
(Animal Science 4)
Toshio TANAKA
University of Tokyo Press, 2019
ISBN978-4-13-074024-1

刊行にあたって

　アニマルサイエンスは，広い意味で私たち人類と動物の関係について考える科学である．対象となるのは私たちに身近な動物たちである．かれらは，産業動物あるいは伴侶動物として，人類とともに生きてきた．そして，私たちに「食」を「力」をさらに「愛」を与え続けてくれた．私たちは，おそらくこれからもかれらとともに生きていく．私たちにとってかけがえのない動物たちの科学，それがアニマルサイエンスである．

　しかし，かつてはたしかに私たちの身近にいたかれらは，しだいに遠ざかろうとしている．私たちのまわりには，「製品」としてのかれらはたくさん存在するが，「生きもの」としてのかれらを目にする機会はどんどん減っている．そして，研究・教育・生産の現場からもかれらのすがたは消えつつある．20世紀における生物学の飛躍的な発展は，各分野の先鋭化や細分化をもたらした．その結果，動物の全体像はほとんど理解されないまま，たんなる「材料」としてかれらが扱われるという状況を産み出してしまった．

　アニマルサイエンスの研究・教育の現場では，いくつかの深刻な問題が生じている．研究・教育の対象とするには，産業動物は大きすぎて高価であり，飼育にも困難が伴うため，十分な頭数が供給されない．それでも，あえてかれらを対象に研究を進めようとすると，小動物を対象とする場合よりもどうしても論文数が少なくなる．そのため若手研究者が育たず，結果として産業動物の研究者が減少している．また，伴侶動物には動物福祉の観点からの制約がきわめて多いため，代替としてマウスやラットなどの実験動物を使って研究・教育を組み立てざるをえない状況にある．一方，生産の現場では，生産性の向上，健康の維持管理など，動物の個体そのものにかかわる問題が山積しているにもかかわらず，先鋭化・細分化する研究・教育の現場とうまくリンクすることができない．このような状況のな

かで，動物の全体像を理解することの重要性への認識が強まっている．

　本シリーズは，私たちにとって産業動物や伴侶動物とはなにか，そしてかれらと私たちの未来はどうあるべきかについて，ひとつの答を探そうとして企画された．アニマルサイエンスが対象とする動物のなかからウマ，ウシ，イヌ，ブタ，ニワトリの5つを選び出し，ひとつの動物について著者がそれぞれの動物の全体像を描き上げた．個性あふれる動物観をもつ各巻の著者は，研究者としての専門分野の視点を生かしながら，対象とする動物の形態，進化，生理，生殖，行動，生態，病理などのさまざまなテーマについて，最新の研究成果をふまえてバランスよく記述するよう努めた．各巻のいたるところで表現される著者の動物観は，私たちと動物の関係を考えるうえで豊富な示唆を与えてくれることだろう．また，全5巻を合わせて読むことにより，それぞれの動物の全体像を比較しながら，より明確に理解することができるだろう．

　各巻の最終章において，アニマルサイエンスが対象とする動物の未来について，さらにかれらと私たちの未来について，編者との熱い議論をふまえて，大胆に著者は語った．アニマルサイエンスにかかわるあらゆる人たちに，そして動物とともにある私たち人類の未来を考えるすべての人たちに，本シリーズが小さな夢を与えてくれたとしたら，それは編者にとってなにものにもかえがたい喜びである．

　第2版の刊行にあたっては，諸般の事情により，大阪国際大学人間科学部の眞鍋昇教授に編者として加わっていただいた．

林　良博・佐藤英明

目次

刊行にあたって　i

第1章　イノシシからブタへ──イノシシの家畜化…………………………1

 1.1　ブタの祖先種としてのイノシシ(1)
 1.2　イノシシからブタへの道のり(16)
 1.3　ブタの品種(23)

第2章　雑食・胴長・鼻力──ブタのからだとそのしくみ………………41

 2.1　長い胴と大きなお尻，そして鼻(41)
 2.2　子どもからおとなへ──ブタの生殖の生理(48)
 2.3　暑さは苦手か──環境とブタの生理(53)
 2.4　雑食の帝王(56)
 2.5　見る・聞く・嗅ぐ，そして覚える(57)

第3章　清潔好きな動物──ブタの行動…………………………………71

 3.1　よく食べ，よく眠る──ブタの1日(71)
 3.2　仲間との関係──ブタの社会(88)
 3.3　産めよ殖やせよ──ブタの繁殖と子育て(95)
 3.4　ブタもストレスを感じる──失宜行動(103)

第4章　早熟・早肥・多産──家畜としてのブタ………………………107

 4.1　世界のブタ(107)
 4.2　ブタを殖やす(112)

4.3　ブタに喰わせる(121)

4.4　ブタを食べる(125)

4.5　ブタの病気(128)

第5章　これからのブタ学──ブタとヒトとの未来……………………………139

5.1　近代のブタ生産(139)

5.2　ブタの福祉(ウェルフェア)(142)

5.3　実験動物としてのブタ(152)

5.4　異種移植ドナーとしてのブタ(157)

5.5　伴侶動物としてのブタ(160)

補　章　最近の動向………………………………………………………………163

補.1　アニマルウェルフェアの考え方の進展とブタの管理(163)

補.2　ブタの認知能力・情動および学習能力に関する最近の知見(164)

補.3　マイクロピッグの登場(165)

あとがき　167

第2版あとがき　171

引用文献　173

事項索引　183

生物名索引　186

第1章 イノシシからブタへ
イノシシの家畜化

1.1 ブタの祖先種としてのイノシシ

イノシシのいま

　トンカツやハム・ソーセージとして私たちの食卓をかざるブタ肉．そのおいしい肉を生産してくれるブタは，イノシシ（野猪）が家畜化されてつくりだされたものであることは，だれもが常識的に知っている．そこで，まずはブタの祖先，イノシシについてふれることにする．

　読者は，イノシシというと，まずなにを思い浮かべるだろうか．干支，それとも花札，あるいは食通の読者にとっては，「山鯨」ともよばれる美味な肉のぼたん鍋だろうか（図 1-1）．

　イノシシといえば，十二支の最後，真打を飾る動物であり，わが国では昔から狩猟対象動物としてヒトと深くかかわってきた．このことは，縄文時代の遺跡から発掘された動物の遺骨の大半（約3分の2），および弥生時代においても4割近くがイノシシであることからも明らかであろう．古くはイノシシのことを「草猪黄」とよんでいたようで，これはイノシシの脳みそが黄色をしていて薬用に珍重されたところから名づけられたものといわれる（東 1998）．また，イノシシは草原にいて鳴くことから「草居鳴」の意味との説もあり，発音からは「久佐井奈岐」という文字をあてたようである（大場 1996）．

　子イノシシはウリボウあるいはウリンボなどとよばれるとおり，からだに瓜のような縞模様が入った非常に愛らしい動物であり，そのぬいぐるみなどはいまでも子どもたちのお気に入りのひとつである（図 1-2）．しかし，最近では，かれらは人里に現れて農作物を食い荒らす害獣として，駆除の対象となっていることはまことに残念である（仲谷 1996）．このよう

図1-1 花札のイノシシ
イノシシの肉を俗にボタンとよぶのはこの絵柄による.

図1-2 摂食中の子イノシシ（江口祐輔氏撮影）
ウリボウとよばれるとおり，鮮やかな縞模様がみられる.

な状況はわが国だけではなく，海外でも同様の問題が起こっている．たとえばオーストラリア．もっともこの国の場合は本来の野生イノシシではなく，厳密には野生化ブタというべきもの（18世紀後半にヨーロッパからもち込まれたブタが再野生化したものだが，長期間の野生生活によって形態や行動特性はイノシシに近づいている）ではあるが，被害を受けている農民にとってイノシシは害獣である一方，ハンターにとっては重要なゲーム対象であり，また林業にとっては功罪ともにあったりと，イノシシを害獣と考えるか，経済価値のある資源と考えるかは，立場によって異なる（Tisdell 1982）．しかし，農業被害が甚大であるからこそハンティング対象となっているのであり，年間に30-50万頭ものイノシシ（野生化ブタ）が捕獲されているという（高橋 1995）．わが国でも中国地方を中心に，年間にして40-50万頭ものイノシシが狩猟や害獣駆除として捕獲されている．

では，なぜかれらが害獣とよばれるようになってしまったのだろうか．人間が異常繁殖（ことばの響きはよくないが，生物学的にみれば増えすぎたことは否めない事実）してイノシシの生息地にまで進出した結果，かれらが人間のつくった農作物を食べざるをえなくなった，あるいは身近に簡単に手に入る美味な作物を栽培する，いわば餌付けをしているようなものというのが最大の理由であろう．そして，イノシシの生態や習性が十分には明らかにされないまま，対症療法的に対策がとられ続け，それらが功を奏しないと駆除というかたちにゆきつくものと思われる．

近年，動物の行動に関する研究が急速に発展してきているが，イノシシについては，野生状態では詳細な観察が困難であり，飼育下においても家畜とは異なり人間に馴れさせるのがむずかしく，かれらの行動や生態に関する科学的なデータはきわめて少ないのが現状である．一説には，イノシシという和名は「怒ったシシ（シシとは食用動物の総称で，「宍」あるいは「鹿」の字をあてる）」の意であるというくらい，とくに繁殖期の雄は気が荒くなる（荒俣 1988）．したがって，かれらの生態については，猟師や農民の経験的な知識に頼ることが多く，一部は思い込みに近いようなことが信じられていたりするのも事実である．

1990年代後半から，私たちの研究室において，イノシシの感覚機能や環境認知能力などに関する研究を始めるとともに，イノシシを肉用として

飼育している牧場の協力の下で，交配から分娩，哺育，離乳，そして育成期にいたるまでの一連の詳細な観察に成功した（Eguchi *et al.* 1997a, 1997b, 1997c, 1999a, 1999b, 2000; 江口ほか 1999, 2001）．その内容については，第2章および第3章のなかでブタとの比較というかたちでふれるが，このような地道な基礎的研究の積み重ねが，かれら野生動物とヒトとのよりよい共存を図るうえで重要と思われ，さらなる発展が望まれる．近年，農業・食品産業技術総合研究機構西日本農業研究センター（旧農林水産省中国農業試験場）を中心にして，害獣としてのイノシシ対策が主眼におかれてはいるが，イノシシの行動や生態に関するプロジェクト研究が継続的に実施されており，その成果のいくつかが農業の現場で応用され，効果が検証されている（図1-3）．

　ところで，イノシシは，現在もヨーロッパからアジアにかけて広く生息している．イノシシは，ニワトリに対するヤケイ（野鶏）と同様に，家畜の祖先種でありながら現存している数少ない動物である．ちなみにイノシシ種の学名は *Sus scrofa* で，ブタもまったく同じ学名をもつ．畜産学の世界では，日常的にはブタの学名を，イノシシの家畜化したものという意味

図1-3　高さ1mの柵を軽々と飛び越す野生イノシシ（江口祐輔氏撮影）

から *Sus domesticus* ともいうが,分類学的には *Sus scrofa* が正しく,さらに正確にいえば,家畜ブタは *Sus scrofa* var. *domesticus* となる(正田 1987).なお,この属名の *Sus* は,イノシシを意味するラテン語からきている.

染色体の数は,イノシシ,ブタともに $2n=38$(18対の常染色体と1対の性染色体)で,両者のあいだには正常な繁殖能力をもつ雑種が生まれる.わが国ではイノシシの雄とブタの雌の交配による雑種は,俗にイノブタとよばれ,味わったことがある読者にはおわかりのように,その肉はブタ肉に比べて野生味があり美味とのことで,それを売り物にしているところも

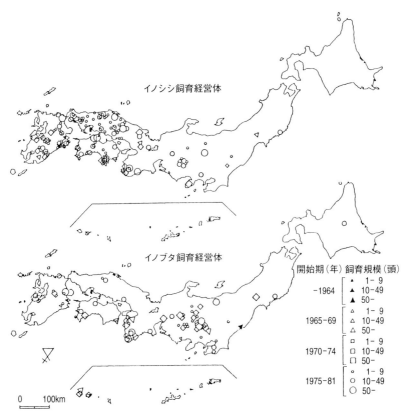

図 1-4 わが国における食肉用イノシシとイノブタの飼育の開始時期と分布
(高橋 1995)

ある．

　なお，イノブタの生産は，西日本のイノシシ分布域においてイノシシを肉用として飼育していた側からは，イノシシ肉の供給の安定化や，出産頭数，肥育期間の改善など，イノシシ肉の需要に対応するために，また，関東や東海地方などブタ肉生産の側からは，ブタの肉質の向上や目新しい食肉の生産を目的として，それぞれ1960年代から始められたといわれている．わが国において食肉用としてイノシシおよびイノブタを飼育しているところは，図1-4に示すとおり，西日本に圧倒的に多い（高橋1995）．

イノシシの進化――イノシシまでの道のり

　イノシシは，動物分類学上，哺乳動物綱，偶蹄目（現在は，ウシ目とクジラ目をあわせて鯨偶蹄目という），イノシシ科，イノシシ属に属している．目のレベルまでさかのぼると，偶蹄目という点ではウシやヒツジ，キリン，ラクダなどとも仲間ということになり，若干の戸惑いを覚える読者もおられるだろうが，それらは反芻亜目に属し，単胃のイノシシとはその点で大きく異なる．そこで，偶蹄目の進化について簡単にふれておきたい．

　偶蹄目の祖先は，5000万年以上も昔の始新世前期に，ヨーロッパからアジア，北米にかけて広く分布していたディコブネ類（Dichobunidae）だと考えられており，パキスタンでもっとも原始的なディコブネ類の仲間であるディアコデキシスが発見されている（サベージ1991）．しかし，これらの動物はウサギよりも小さいくらいの小型のものであったという．

　イノシシやペッカリーの仲間がディコブネ類から分かれて出てきたのは約4000万年前，漸新世前期と考えられている．このころ，最古のイノシシの一種であるプロパレオコエルス（*Propalaeochoerus*）がヨーロッパにすんでいた．これは，ディコブネ類よりはかなり大きかったが，まだ偶蹄類としては小型であったという．同じころに，北米にはペルコエルス（*Perchoerus*）というペッカリーの仲間がいた．このころにいた最古のペッカリー類はイノシシ類と非常によく似ていたと考えられているが，その後の進化の過程でだんだんとイノシシから遠ざかっていった．このように，イノシシがヨーロッパからアジアにかけて現れたのに対して，ペッカリーは北米に興り，この両者は類縁関係が近いにもかかわらず，それ以来ずっ

と本質的に別々の分布域を保ちながら並行して進化してきている（コルバート・モラレス1994）．

イノシシ類の進化傾向としては，以下の諸点が認められる．まず，体格が大型化したこと，そして頭骨とくにその顔面部や歯の前後径が著しく伸長したこと，歯のエナメル質に縮れが生じて大臼歯冠が複雑化したこと，犬歯が外側へ曲がって大きな牙になったこと，足の4本の指のうち中央の2本が主体となって，これに体重をかけて歩くようになったこと，などである（コルバート・モラレス1994）．イノシシ類は，新世代中期から後期に数多くの適応放散の系統に分岐し，多様なグループが生まれたが，性質は大同小異で，その多くは森林性の動物であり，雑食性である．

イノシシの分類――ブタにならなかったイノシシ

イノシシ科には，図1-5に示すとおり，イノシシ属のほかに，イボイノシシ属，カワイノシシ属，モリイノシシ属，バビルサ属の4属がある．イノシシ属が広い範囲に生息しているのに対して，イボイノシシ，カワイノシシ，モリイノシシの3属はアフリカ，バビルサはインドネシアと，限られた地域にだけすんでおり，これらの4属はそれぞれ単一種で，ブタの成立にはかかわっていないと考えられている．しかし，イノシシという名がついているので，この4属4種についても簡単にふれておきたい（マクドナルド1986）．

イボイノシシ（*Phacochoerus aethiopicus*；図1-6）は，アフリカのサハラ以南のサバンナ疎林や草原に生息し，おもに日中に活動する．名前が示すとおり，顔にこぶ状の大きなイボがあり，灰色の皮膚に黒か白の剛毛が生えている．体重は50-110 kgと比較的小型で，妊娠期間は170-175日と，ブタ（114日前後）よりも長い．乳頭は2対しかない．

カワイノシシ（*Potamochoerus porcus*；図1-7）は，生息地がイボイノシシと重なっているほか，マダガスカル島にも生息し，昼夜ともに活動している．雄には顔にイボがあり，からだには赤褐色から灰色の剛毛が生えている．体重は50-120 kgとイボイノシシとほぼ同様で，妊娠期間は127日であり，ブタよりもやや長い．乳頭は3対である．

モリイノシシ（*Hylochoerus meinertzhageni*；図1-8）は，中央アフリカ

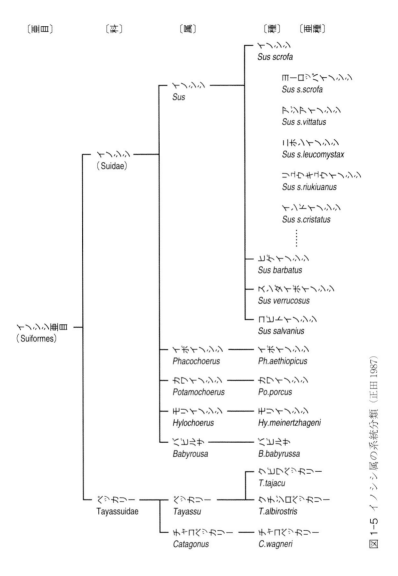

図1-5 イノシシ属の系統分類（正田 1987）

のコンゴ盆地を中心に，西アフリカから東アフリカにわたる地域の森林と草原の中間地帯に生息し，おもに日中に活動する．やはり顔にイボがあり，からだには赤茶から黒の剛毛が生えている．体重は130-275 kgとアフリカにいる3種のなかでもっとも大型で，妊娠期間は149-154日，乳頭は3対である．

バビルサ（*Babyrousa babyrussa*, 図1-9）は，インドネシアのスラウェシ島とその近隣のトギアン，スラ，ブルの各諸島の熱帯林に生息し，おもに日中に活動する．体毛はまばらで，白っぽいのが特徴である．顔にイボはない．体重は90 kg程度まで，妊娠期間は125-150日，乳頭は1対だけである．

なお，わが国でも動物園でときどきみかけるペッカリー（*Tayassu*）は，ペッカリー科としてイノシシとは別の科に分類され，イノシシ科と合わせた2つの科をイノシシ亜目とよんでいる．

イノシシ属はイノシシ種のほかに，ヒゲイノシシ，スンダイボイノシシ，コビトイノシシの3種が分類されている．イノシシ，ヒゲイノシシ，スンダイボイノシシの3種はいずれも歯式が 3.1.4.3/3.1.4.3（切歯3/3，犬歯1/1，前臼歯4/4，後臼歯3/3）と，現代のブタと同様であるが，44本の歯の形態的な類似性からは，ブタの直接の祖先種はイノシシ種だけと考えられている．しかし，ヒゲイノシシとスンダイボイノシシがアジアの在来豚に影響を与えたとの説もあり，これらの関連性については未解決の部分が残されている（田中 1996）．

先に，イノシシ科に分類されるイノシシ属以外の4属についてふれたので，イノシシ属に分類されるイノシシ種以外の3種についても，イノシシとより近縁であるので，ふれないわけにはいかないだろう．以下に簡単に説明しておきたい（マクドナルド 1986）．

ヒゲイノシシ（*Sus barbatus*）は，マレー半島からスマトラ島，ボルネオ島にかけての熱帯林とその二次林やマングローブ林に生息し，日中に活動している．体毛は濃い灰褐色で，その名のとおり，頬にめだつ白色のヒゲがある．顔にはイボがある．体重や繁殖上の特性は，後述のイノシシと同様と考えられている．

スンダイボイノシシ（*Sus verrucosus*）は，ジャワ島とその周辺の島々

図 1-6 イボイノシシ

図 1-7 カワイノシシ

図 1-8 モリイノシシ

図 1-9 バビルサ

の森林や低地の草原，湿地に生息している．体重は 185 kg 程度にまでなり，体毛は毛先の黒っぽい赤から黄色に近い色をしている．本種にも顔にイボがある．繁殖上の特性は，イノシシと同様と考えられている．

　コビトイノシシ（*Sus salvanius*）は，インド・アッサム地方のヒマラヤ山麓のサバンナ地帯に生息し，日中から薄暮期におもに活動する．皮膚は灰色がかった茶色で，毛色は黒っぽい茶色である．顔にイボはない．「コビト」といわれるとおり体重は 6-10 kg ときわめて小型で，妊娠期間は 100 日と短い．乳頭は 3 対である．現在ではその生息数が減少し，絶滅の危機にさらされている．

イノシシの分類──ブタになったイノシシ

　ここでようやく，ブタの直接の祖先と考えられるイノシシ種にふれることにしよう．

　かつてイノシシは，現在では亜種とされるものも含めて約 20 種に分類されていたが，1915 年にライデッカーによってヨーロッパイノシシ群としてヨーロッパイノシシ（*Sus scrofa*）とインドイノシシ（*Sus cristatus*）の 2 種，アジアイノシシ群としてアジアイノシシ（*Sus vittatus*）とニホンイノシシ（*Sus leucomystax*）の 2 種，計 2 群 4 種に整理され，この分類が約半世紀にわたって用いられてきた．しかし，1966 年にエラーマンとモリソン・スコットによって，この 4 種すべてが 1 種として統合された（今泉 1998）．この統合には異論もあるが，大半の分類学者に受け入れられており，ここでもその分類にもとづいて，各地のイノシシはつぎのように亜種として分類した．

　イノシシ種は，ヨーロッパイノシシ（*Sus scrofa scrofa*），アジアイノシシ（*Sus s. vittatus*），インドイノシシ（*Sus s. cristatus*）のほか，わが国のニホンイノシシ（*Sus s. leucomystax*），リュウキュウイノシシ（*Sus s. riukiuanus*）など多くの亜種に分けられる（図 1-5）．これらの亜種は，外見上の特徴から，便宜上，ヨーロッパイノシシ系，アジアイノシシ系，およびそれらの中間型のインドイノシシ系の 3 つに大別される（Tisdell 1982; 正田 1987）．ただし，これら亜種の分類にも異説がある．これは，イノシシとその家畜種のブタのいずれもが広く世界に分布していることか

ら，イノシシの亜種といわれるもののなかには，ブタが再野生化したものやブタとの交雑が起こったものも含まれている可能性があることが，複数の説を産み出す大きな原因となっているようである（小原1972）．

ヨーロッパイノシシ系にはドイツイノシシなど8亜種が現存しており，ヨーロッパ各地のほか，北アフリカ，トルコ，アフガニスタンにかけて分布するイノシシがこのグループに分類される．これらの特徴はつぎのようである．大型で体毛は黒色から褐色で密生しており，冬には下毛が生える．また，頸の背側に剛毛がある．頭骨は長く，額から鼻にかけてほぼ水平で，涙骨は長方形をしている．耳は大きくて立っている．ヨーロッパ各地で馴化され，現在のヨーロッパ系のブタ品種の基礎となったとされている．

わが国のニホンイノシシはアジアイノシシ系に分類され，このグループには17亜種が認められており，東アジアから東南アジアにかけて分布している．アジアイノシシ系の特徴は，別名クチヒゲイノシシとよばれるように，口から頬にかけて淡色の帯があることである．頭骨はヨーロッパイノシシに比べて短くて頭頂部が高く，しゃくれている（図1-10）．涙骨は短く，正方形に近いかたちをしている．ニホンイノシシは，シラヒゲイノシシともよばれ，頬の淡色帯が白く，体毛は黒褐色．また，頸すじに「みの毛」とよばれる長い毛が生えている（図1-11）．生息域は本州，四国，九州で，北海道や東北北部にはみられない．

奄美大島，加計呂麻島，請島，徳之島，沖縄本島，石垣島，西表島など琉球諸島に生息するリュウキュウイノシシは，ニホンイノシシ（体重60-120 kg）に比べて小型（体重40-80 kg）であり，また，琉球諸島においてはイノシシの化石がまったく発見されていないにもかかわらず，貝塚からはイノシシの骨が多く出土していることから，南方からもち込まれた原始的なブタが再野生化したものという説もある（林田1964a, 1964b）．しかし，その後，沖縄本島の港川採石場から出土したイノシシの化石が約1万8000年前の洪積世のものとの結果が報告され，ブタの再野生化説に疑問が投げかけられた（渡辺1970）．さらに，近年になって奄美大島や沖縄のイノシシと石垣島や西表島のイノシシは異なる来歴をもつ可能性が示唆され（黒澤1992），奄美のイノシシは石垣島・西表島のものや本州・九州のものよりも早い年代に大陸から分化したもので，さらには石垣島・西表島

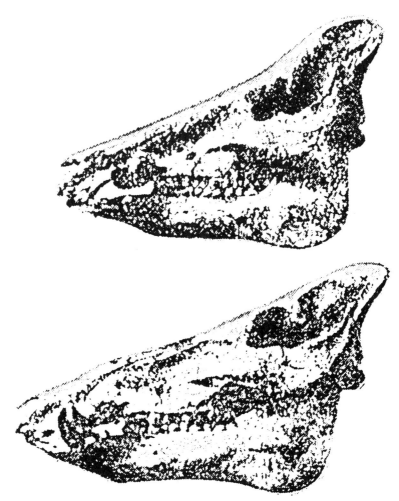

図1-10 アジアイノシシ（上）とヨーロッパイノシシ（下）の頭骨の比較（正田1987）

図 1-11 ニホンイノシシ（江口祐輔氏撮影）
シラヒゲイノシシともよばれ，頬の淡色帯がみられる．

のイノシシには東南アジア系のブタがかかわっている可能性も指摘されている（田中・黒澤 1994）．

　インドイノシシは前述のとおり，ヨーロッパ系とアジア系の中間的な特徴をもち，頭骨はヨーロッパ系に近いが，四肢が長く背が高い．頸の黒い剛毛はたてがみ状に背中の正中線沿いに長く発達している．インドのほか，スリランカ，ミャンマー，タイ，マレー半島北部にかけて分布するイノシシがこれに属する．

イノシシの社会

　私たち人間社会では，子育てを母親任せにすることなく，父親も大いにかかわるべきとの考えが，とくに近年は一般的である．一方，動物においては，雄は子づくりには励んでも子育てには全然かかわらないものが多い．イノシシもそのタイプであり，通常，成雌は子と母系群を形成する．これ

が社会組織の基本単位であるが，ときには2頭あるいは数頭の雌とその子どもたちが一群で生活することもあり，この場合は雌どうしが母と娘など血縁関係にあることが多い．これは，行動生態学でいうところの包括適応度の概念でとらえると容易に理解できるであろう．すなわち，近縁な個体どうしがたがいに助け合って子育てすることによって，各個体がかけるコストに比べて遺伝子レベルでみたトータルの利益のほうが大きく，適応度が増すのである（ウイルソン 1975）．

ニホンイノシシは，複数の母子群が集まってひとつの群れを形成することはまれで，これを単独型社会とよぶこともある．これに対して，ヨーロッパイノシシにおいてはより大きな群れをつくることが観察されており，群居性をもつといわれている．このような大家族群を形成する場合においても，分娩のときには一般に雌はその群れを離れて巣づくりを行うが，成熟した娘とその子を加えた母-娘-孫の群れにおいては，分娩時に母と娘がひとつの巣を共同で利用し，たがいの子を世話することも観察されている．

雄は生後1年以内に群れから離れる．若い雄は小さな群れをつくって共同生活をすることもあるが，成雄は通常は単独行動をとる．繁殖期になると，雄は母系群に入り，そこに若い雄がいればそれを追い出して優位な雄が交尾を行う．イノシシにかぎらず，一般に動物の社会では，社会的順位（第3章参照）の高い個体が交尾ばかりでなく，餌の確保や休息場の選択においても優先権をもつ．そして，たがいの地位を認識することでむだな闘争を避け，群れとして安定した生活を送っているのである．

1.2 イノシシからブタへの道のり

なぜイノシシを馴化したのか

われわれの祖先は，なぜイノシシを飼おうと考えたのであろうか．また，なぜその必要性が生じたのであろうか．人間の歴史をもとに考えてみると，以下のような理由が浮かび上がってくる（正田 1987）．

わが国だけでなく，イノシシが生息していた地域では，もともとは狩猟によってその肉や毛皮を利用していたものと考えられる．そして，人々の

需要がそれで十分にまかなえていたあいだは，だれもイノシシを飼おうなどとは考えなかっただろうし，また飼う必要もなかったのである．

ところが，人口が増え，いつ得られるかわからないような狩猟の獲物だけでは量的に不足するようになった時点で，人間はイノシシを飼うことを考えつき，家畜化が始まったのであろう．すなわち，狩猟時代からイノシシの肉が美味であり，また，薬効もあることはわかっていたので，それをいつでも安定的に手に入れるために飼い始めたと考えるのが妥当と思われる．

一方，宗教的な理由や愛玩用（現代もブタのペット化が一部ではやり始めている）に飼い始めたとの説もあるが，それらはあったにせよ二次的なもので，主たる動機はやはり食糧資源としてのものであったと考えられる．

人間側の動機以外に，もうひとつは，イノシシの生物学的特性が家畜化に適したことも大きな理由である．ヒトがいくら飼いたいと思っても，動物側にそれを許さないような事情，たとえば極端に凶暴であったり，飼料の確保が困難であるというようなものであれば，家畜化にはいたらないであろう．

その点，イノシシはヒトにとって都合がよく，たとえば食性についてみると，現代のブタがそうであるように，イノシシはもともと雑食性で，なんでもといってよいほどの広い範囲の食性を示す．かつては残飯養豚がさかんに行われていたように，イノシシも人間の食べ残しはもちろんのこと，木の根や雑草，小動物や昆虫，さらには排泄物でも平気で平らげてしまうような旺盛な食欲を示す．したがって，飼うことに際して餌の確保にそれほど大きな負担がない．

それに加え，多くの反芻動物が1年に1-2頭しか子どもを産まないのに対して，イノシシは1回に3-8頭の子を分娩し，成長も比較的早いので，肉資源として適していたといえる．

また，先に述べたように，繁殖期の雄は気が荒くなるが，イノシシは非常に学習能力が高く（これは私たちの実験からも確認されているが，詳細は第2, 3章でふれることにする），扱い方に注意をはらえば肉食獣のような凶暴さはなく，困難とはいえ飼い馴らすことが可能で，とくに幼齢期から飼い続けることでヒト馴れもしやすい．

このように，ヒトの側の動機とイノシシの側の適性がうまくマッチして家畜化が図られ，現在の代表的な家畜のひとつであるブタが産み出されたのであろう．

家畜化の歴史

では，イノシシはいつごろから家畜化され始めたのであろうか．野生動物の家畜化は，長期にわたるものであり，また，イノシシが生息するヨーロッパ各地や西アジア，中国などでそれぞれ並行して家畜化されたと考えられるので，その年代を特定するのは困難である．

一説には，ヨーロッパに2カ所，西アジアに1カ所，中国に1カ所の合計4カ所で家畜化され，そのあいだに交流がなされたともいわれている（小原 1972）．しかし，遊牧民がヒツジやヤギを飼い始めたのとは異なり，イノシシの家畜化は人間が定住生活を始めるとともに行われたもので，したがって少なくとも新石器時代以降のことである（正田 1987; ダネンベルグ 1995; 大石 1996）．

もっとも古いイノシシの絵としては，スペインのアルタミラ洞穴に残された約1万5000年前のものが知られている（図1-12）．ブタの遺骨のもっとも古いものは，中国南部の桂林市郊外にある甑皮岩洞穴の遺跡から出土したもので，約1万年前のものとされている．北部イラクの遺跡からは，

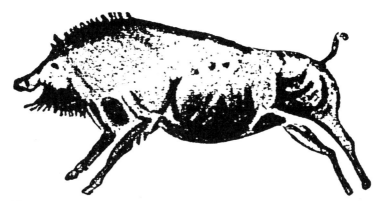

図1-12 スペイン・アルタミラ洞穴に残された約1万5000年前のイノシシの絵
（ダネンベルグ 1995）

約8500年前のブタのものと同定される骨が出土している．そのほか，ヨーロッパからアジアにかけての各地の5000年前から1万年前の遺跡からブタの骨が出土しており，このころにはブタの飼育が一般化していたものと推定される．

青銅器時代になると，ヨーロッパイノシシを家畜化したものと思われる大型のブタが現れており，それ以降，「泥炭豚（でいたんとん）」とよばれる小型のブタとの交配などにより，現在のヨーロッパ系のブタ品種の基礎が築かれたものと推定される．なお，「泥炭豚」とは，新石器時代（約7000年前）のスイスの湖生民族の遺跡があった泥炭層から発掘されたものの総称で，家畜化の初期のブタと考えられているものである．現在のさまざまな品種がつくられたのは18世紀になってからのことで，それにはアジア系の品種が導入され，ヨーロッパ系の品種とのさまざまな交配が行われて，いまにいたる品種が確立されていった．

わが国には，前述のようにニホンイノシシとリュウキュウイノシシの2つの亜種が生息しているが，それらを家畜化したという証拠はない．トカラ群島宝島で飼われていた「トカラ豚」や奄美大島の「喜瀬豚（きせぶた）」，あるいは沖縄本島の「琉球豚」など，琉球諸島には「島豚（しまぶた）」といわれる在来豚というべきブタが存在したが，これらは彼の地でイノシシから家畜化されたものというよりは，中国系のブタが南方から入り，それが各地で維持されて，その後19世紀中ごろに英国から贈られたヨーロッパ系のブタが交雑されたものとの見方が有力と思われる（林田1964a, 1964b; 田中1967）．

しかし，わが国においても縄文後期から弥生時代においてイノシシを飼育していたという記録がある．また，奈良時代には，イノシシを飼育して肥らせ，その肉を宮廷に献上していた猪飼部（いかいべ）とよばれる専門の飼養集団があったが，不殺生戒というタブーのある仏教の伝来とともに，殺して食べるために動物を飼うということを受け入れることができなくなり，猪飼部は現在の畜産業のようには発展していかなかったのであろう．なお，猪飼部では野生のイノシシの子を捕えて飼育していたと考えられているが，一説には，かれらが飼育していたのは原始的ではあるが馴化されたブタ，あるいは渡来人がもち込んだブタともいわれている（正田1987）．

第1章　イノシシからブタへ

イノシシとブタとの比較──家畜化に伴う変化

　一般に，動物は家畜化に伴って，形態的にも性格的にも異なってくる．それは「飼い馴らす」ということばに端的に現れているように，ヒトとの関係が深くなるとともに，ある程度は自然に変化する．また，それ以上に人為淘汰によって，ヒトにとって有用な形質，たとえば繁殖性や産肉性などが促進され，加えて気性の荒いものより扱いやすいものが残されてきた結果である．

　しかし，前述のように，イノシシからブタへの家畜化の歴史は約1万年程度であるのに対し，イノシシはその祖先であるディコブネ類から5000万年もの年月を経て進化してきたものである（正田1987）．したがって，現代のブタにおいてもイノシシのもつ特徴や性質が色濃く残っている．そこで，イノシシとブタの外貌や発育，性質などを比較してみたい．

　まず，外貌からみると，野山を駆け回っていたイノシシは前軀が発達しているのに対して，ブタでは多くの肉を得るために改良が加えられた結果，ハムとよばれる尻と腿の部分が発達し，ロースやベーコンとよばれる背と腹の部分が長くなって，前軀の割合はイノシシの半分以下になった（図1-13）．

　また，イノシシの毛色は濃淡の差こそあれ，ほとんどが褐色であるのに対して，ブタでは褐色でも赤に近いものや，黒色，灰色，白色（淡桃色），あるいは白地に黒斑や赤斑があるもの，黒地に白帯のあるものなどさまざまである．これは，野生では突然変異などで本来のものと異なった毛色の個体が生まれると，めだつことによって天敵に捕食される確率が高く（これはイノシシに限らず，すべての動物種にいえることではあるが），淘汰されやすいのに対して，人為環境のもとではひとつの特徴として次世代にも受け継がれ，固定されることによる．野生では，ウリボウとよばれる幼齢イノシシの縞模様が保護色となっているが，ヒトの管理下にあるブタでは天敵の心配もないので，この形質は失われていった（正田1987）．

　さらには，地面を掘って木の根や小動物を捕ったりしていた野生から，与えられる餌を食べるようになったことによって，下顎骨が短くなり，顔が短く，よりしゃくれたかたちになった．犬歯も野生では道具としても武

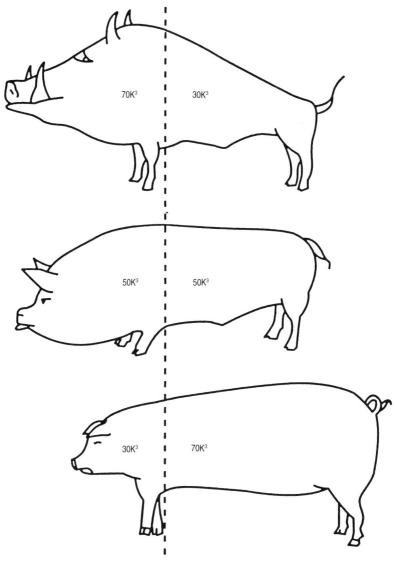

図 1-13 ブタの改良目標を示すアルゼンチンのポスター（正田 1997）
K^3 は体積割合（％）を示す．

表 1-1 野猪にランドレースを累進交配（5代）した場合の諸形質の変化（正田 1997）

世代	血量		90 kg 到達日齢	1 kg 増体に要する飼料単位
	野猪	ランドレース		
野猪への戻し交配	75	25	388	5.79 FE
F_1	50	50	256	4.44
貴化 2代	25	75	217	3.74
3代	12.5	87.5	198	3.57
4代	6.3	93.7	193	3.43
5代	3.1	96.9	181	3.12
ランドレース	0	100	180	3.06

器としても重要で，とくに雄ではよく発達していたものが，ブタではやや退化している．しかし，ブタでも犬歯をそのままにしておくと管理上危険となるので，通常は生まれてまもなく切ることが多いが，近年はアニマルウェルフェア（動物福祉）の観点から先端を研磨する方法が推奨されている．

発育および繁殖性の点では，イノシシは体重が90 kgに達するには1年以上を要するが，ブタは半年で100 kgを超える．これは，胴長に改良された結果，腸管の長さが約1.5倍になったことによって飼料の利用性が向上したことによる．もちろん飼料そのものも改良されているが，同じ飼料を与えてもイノシシとブタの発育差は2倍以上である．それゆえ，通常，われわれの食卓に上るブタ肉は，生後わずか半年あまりの若いブタのものである．

それに伴って性成熟も早くなり，イノシシが2年目にならないと繁殖しないのに対して，ブタは早いものでは4-5カ月で発情が始まり，産業的には約8カ月齢，体重が120-130 kgのころから交配を始める．また，イノシシは繁殖季節が限定され，一般には晩春から初夏にかけて1回分娩し，このときに分娩しなかった個体が秋に分娩することもある．いずれにしても1年1産で5頭前後の子を生産するが，ブタは周年繁殖が可能なので，1年に2-2.5回の分娩により20-30頭もの子が生まれる．それに対応して，イノシシの乳頭は5-6対であるのに対し，ブタではそれが通常のもので7対に増えており，多いものは9対もある．なお，妊娠期間はイノシシもブタも114-115日で，差はみられない．

腸の長さ	体長	肋骨数	背脂肪厚	屠体審査得点（15点満点）	
				ハム	ベーコンタイプ
17.95 m	83.7 cm	14.4	3.86 cm	3.9	4.7
20.68	86.1	15.0	4.48	5.6	7.4
22.04	89.4	15.8	3.94	9.0	9.7
22.13	91.2	15.6	3.88	9.7	10.4
23.42	96.7	15.4	3.52	11.2	11.4
26.02	96.5	16.3	3.30	9.7	11.0
26.00	93.4	16.0	3.42	12.5	12.6

　これらの生産形質について，イノシシからブタへの変化の過程を，イノシシに改良の進んだランドレース種（詳細は後述）のブタを交配し，その一代雑種に代々同品種のブタを交雑してブタの血量を1/2, 3/4, 7/8, ……と増やしていく累進交雑実験によってシミュレートした結果を表1-1に示した（正田1997）．この表から，腸の長さなど生体機構上の変化と生産形質の変化との関係が読み取れるであろう．

　一方，一般に野生動物は，ヒトに飼われることによって，捕食者から身を護ったり食糧を確保したりといった，生きていくうえでもっとも基本的な事柄をヒトに頼る，というより頼らざるをえなくなるため，性質面においては扱いやすくおとなしくなる．すなわち，いつまでも扱いにくいような動物は家畜化されにくいともいえる．そして，人為淘汰が繰り返されるうちに，ヒトの庇護なしでは生きていけない動物につくりかえられていくのである．ブタも例外ではなく，イノシシと比べればはるかに扱いやすく，攻撃性も弱まっている．しかし，嗅覚の鋭さなどはイノシシからブタにいたるまで大きな変化もなく受け継がれている形質といえよう．これらの感覚能力については第2章でくわしく述べたい．

1.3 ブタの品種

品種の分化と改良の道のり

　イノシシから家畜化されたブタは，ヒトによる改良が加え続けられた結

果，現在その品種の数は 400-500 といわれている．ヒツジの品種が 800-1000，一説には 3000 といわれるのと比べると，いささか少ないようにも思われるが，ヒツジが肉だけでなく毛や乳など多目的に改良されてきたのに対し，ブタはごく一部の実験用や愛玩用を除くと肉生産だけを目的とした家畜であることを考えれば，けっして少ない数ではない．

　これは，ひとつにはブタの家畜化がヨーロッパからアジアにかけての広い地域で多元的に行われたことによる（大石 1996）．もともとそれぞれの地域にいたイノシシがそれぞれ異なった特徴をもっており，それらがある幅をもった年代にわたって飼い馴らされたので，家畜のブタが成立した時点で，さまざまな特徴を備えたブタができあがったと考えられる．

　そして，ヨーロッパからアジアにまたがる地域で家畜化されたブタは，その後，世界各地で飼育されるようになり，その飼育された地域の気候そのほかの環境の差が，多くの品種を産み出す原因のひとつになった．動物の形質は，遺伝と環境との相互作用の産物であるが，ブタもまた例外ではなく，もとは同じ品種でも各地に導入されて世代を重ねるにしたがって，それぞれ特有の形質を備えるようになり，品種として分化していったのである．

　さらには，その後の改良において，地域や時代によって，重要視される肉の形質が異なっていたことも多品種成立の大きな原因であろう．すなわち，ラードタイプとよばれる脂肪蓄積を重視した品種，ポークタイプあるいはミートタイプとよばれるテーブルミート（精肉）生産をおもな目的とした品種，そしてベーコンタイプとよばれるハムやベーコンなどの加工品の原料として適した品種，の３つのタイプに大別されるように，目的に応じた改良がなされてきたのである．

　一般に，ラードタイプのブタは早熟・早肥で，ベーコンタイプは逆に晩熟でじっくりと赤肉をつけていくタイプ，それらの中間的なものがポークタイプである．英国をはじめ西欧では加工利用が多く，ベーコンタイプの品種がいくつも確立されており，東欧やスペイン，中国などではカロリー源としてのラードタイプの品種が多く，北米原産のブタはポークタイプが多いなど，地域的な特徴がある．しかし，近年のダイエットブームにみられるように高カロリーの脂肪分は敬遠される傾向にあり，時代とともにラ

ードタイプの品種もロースやハムなど赤肉の質と量が重視されるようになり，これら3タイプの区別はそれほど明確なものではなくなってきている．

最近では，むしろ繁殖性，強健性，抗病性，産肉性などの特徴をもつ品種や系統というようないい方をすることが多く，それぞれ特徴をもつ雌雄をかけ合わせる雑種利用が一般的である．とくに，種雄豚には産肉能力が求められ，種雌豚には繁殖能力が重要視される．

主要品種とその特徴

数あるブタの品種のうち，現在，改良種として世界的に普及しているのは約30品種である．これらのなかから，世界的にみて広く分布している代表的なもの，および一部の地域でのみ飼われ，改良のあまり進んでいない在来種であるが，遺伝資源として重要なもの（とくに中国種）など，いくつかの主要な品種の特徴を以下にまとめた．なお，中国種の品種名の読み方は，日本読みと中国読みが混在しているが，わが国で一般によばれている読み方を記述した．

実験動物や近年は愛玩用としても用いられているミニブタ（ミニチュア・ピッグ）については，その品種も含めて第5章でふれることにしたい．

英国系の品種

（1）大ヨークシャー（Large White, Large Yorkshire；図1-14）

英国ヨークシャー地方の原産であるが，その起源は完全には明確でなく，白色の在来種を選抜育種して成立したか，それにいくつかの在来種を交配してつくられたものといわれ，外来種はほとんどかかわっていないと考えられている．登録は1884年から開始された．名前のとおりもっとも大型の白色種で，成豚では340-370 kgにも達するという．ただし，私も本種を長く飼育しているが，普段は100-120 kg程度の肉豚や，繁殖豚でもせいぜい200-250 kgくらいに維持しているので，300 kgを超えるものはみたことがない．頭はやや長く，頬は軽く，顔はややくぼんでいるが，鼻のしゃくれはわずかである．耳は薄くて長く，やや前に傾いて立っている．

本種は，理想的なベーコンタイプのブタで，比較的早熟，産子数は多く哺育能力に優れている．また，気候や環境の変化に対する適応性にも優れ

た強健な品種であることから，現在では世界のもっとも広い地域で飼育されている．

わが国では1966年から登録が開始され，2014年現在では全国各地で本種の24の系統造成豚が確立され，そのうち6系統が維持されており，種豚として多く飼育されている．

（2）中ヨークシャー（Middle White, Middle Yorkshire; 図1-15）

英国ヨークシャー地方の原産であり，品種成立の経緯も大ヨークシャー種と同様であるが，とくに中型のものが選抜された．大ヨークシャー種に現在は絶滅した小ヨークシャー種を交雑した，あるいは在来種に中国系のブタを交雑して作出したという説もある．外貌は，顔がよりしゃくれていることと体格（体重は雄で250 kg，雌で200 kg程度）とを除けば，大ヨークシャー種と類似の特徴をもっている．

本種は，大型種より早く成熟するので，短期間に軽い体重で出荷される筋肉質のポークタイプのブタである．飼料の利用性がよく，肥育性に富み肉質も良好であるが，近年は大型種に押され，世界的にも減少傾向にある．

わが国においても，日本種豚登録協会が設立された1948年当時は全登録頭数の約90%を占めていた．しかし，1960年代後半から激減し，現在では純粋種はほとんど姿を消したといわれるが，一部の地域で銘柄豚として復活されている．

なお，余談ではあるが，前述のようにわが国には本当の意味でのネイティブ・ピッグとよべる在来豚はいないので，わが国のブタの歴史において，初期に重要な役割を果たしたこの品種を本書のカバーのデザインに採用させていただいた．

（3）バークシャー（Berkshire; 図1-16）

英国バークシャー地方およびその近隣の原産で，古い在来種に中国種，シアメース豚を交配したものといわれている．英国では1884年から登録が開始されたが，記録によるとそのはるか以前の1823年から米国に，そして1838年にはカナダにも輸出されており，バークシャー登録協会の設立は原産地の英国よりも米国のほうが早く，1875年であったという．

本種は，四肢，尾の先端および顔の先が白く，「六白(ろっぱく)」といわれる特徴をもった黒色種で，顔はしゃくれており，耳は若齢期には立っているが，成長とともにやや前に垂れてくる．本種は良好な赤肉を生産するので，一時はたいへん人気があったが，体型や発育性，産子数などがほかの主要品種と比べてやや劣るので，現在では特定の地域を除いて減少している．体重は雄で230 kg，雌で200 kg程度である．
　わが国では，鹿児島県畜産試験場において1983年にサツマ，1991年にニューサツマ，2001年にサツマ2001の3系統が確立され，同県において維持増殖されている．その肉は黒豚肉として高値で取引されており，高級ブランド志向の現代において，差別化商品としてデパートやスーパーマーケットの一角を占めている．

(4) タムウォース（Tamworth; 図1-17）
　英国スタッフォード地方タムウォース市付近の原産で，世界最古の純粋種といわれる．眉間がややくぼみ，長くてはっきりとした顔立ちをしており，耳は前方に立ち，毛色は光沢のある赤色を呈する．
　本種は，本来は脂肪が少なく赤肉生産量の多い典型的なベーコンタイプであるが，ほかの品種の改良の成果に比べて，それを越える特性を備えているとはいいがたく，ミートタイプへの改良も順調ではない．したがって，現在の飼養頭数はあまり多くない．体重は雄で270 kg，雌で200 kg程度である．

(5) ウェルシュ（Welsh）
　英国ウェールズ地方の原産であるが，その基礎となった品種の由来は不明である．白色で耳は深く垂れ下がっており，外見的には後述のランドレース種と区別が困難なほど似ているが，両品種は近縁関係にはないといわれている．
　本種は，強健で環境適応性に優れ，放牧にも適する．また，繁殖性においては産子数が多く哺育能力も優れており，産肉性においても良質の赤肉を生産するベーコンタイプで，他品種との交雑に適した品種として英国内では高い人気を得ているが，他国への輸出はごく限られたものである．体

重は雄で 300 kg,雌で 250 kg 程度である.

（6）ブリティッシュサドルバック（British Saddleback）
　英国ドーゼットシャー地方原産のウェセックス種およびエセックス地方原産のエセックス種からつくられた黒色のブタで，肩から前肢にかけて白帯のはっきりした模様が特徴である．しかし，この白帯の遺伝率は低く，その幅は同腹においてもかなりのばらつきが認められる．耳は前方に垂れており，顔のしゃくれは少ない．
　本種は，強健で牧草の利用率がよく，放牧に適する．また，繁殖能力は優れており，精肉および加工のいずれにも適する良質の赤肉を生産するベーコンタイプで，他品種との交雑に用いられている．わが国には 1966 年に初めて輸入され，その後しばらくは若干の輸入がみられたが，腿から尻にかけての筋肉の発達に欠けることからあまり普及しなかった．体重は雄で 350 kg,雌で 270 kg 程度である．

（7）ラージブラック（Large Black）
　英国のもっとも古い品種のひとつで，イーストアングリアと南西部の在来種が起源である．絶対数は少ないが，イングランド西部のデボン，コーンウォール地方で比較的多く飼われ，コーンウォール種ともいわれるが，東部のエセックス地方やサフォーク地方でも飼われている．からだ全体が土のように真っ黒で，成雄豚は 500 kg にも達する大型種である．重く大きく垂れ下がった耳は本種の特徴であるが，それによって視界が遮られているようで，これが動作が緩慢でおとなしいことの一因と考えられている．
　本種は，強健で発育性に富み，産子数や哺育能力も申し分ないが，やや晩熟で脂肪が厚くなる傾向がある．わが国には 1963 年ごろに少数が輸入されたが，一般には普及しなかった．

英国系以外のヨーロッパ系の品種

（1）ランドレース（Danish Landrace; 図 1-18）
　デンマークにおいて，在来種に大ヨークシャー種を交配して長年にわたる改良によって確立された大型の白色種で，1896 年に登録が開始された

が，その後も明確な目標を定めて改良が続けられている．

　本種は，細い被毛，頭頸部が軽く長い鼻，重く大きく垂れ下がった耳，長く流線型の体型など，際だった特徴をもった優良なベーコンタイプのブタで，世界各国に輸出され，それぞれの地域でさらに改良が加えられて，フランスランドレースやドイツランドレースなどのように国名をつけてよばれている．早熟で繁殖能力が高く，薄い脂肪と適度な赤肉割合をもつ加工用として肉質も優れている．体重は雄で 330 kg，雌で 270 kg 程度である．

　わが国では 1961 年から登録が開始され，もっとも多い年（1972 年）には全登録豚頭数の 4 分の 3 以上を占めていた．わが国でもっとも早く系統造成に着手されたのも本種であり，2014 年現在では全国各地で 43 もの系統造成豚が確立され，そのうち 9 系統が維持されており，大ヨークシャー種とともに多く飼育され，両種の交配によっても優良な種豚が生産されている．

（2）ピエトレン（Pietrain；図 1-19）

　ベルギーのブラバント地方ピエトレン村の原産の中型種であるが，正確な起源は不明である．白地に黒色のスポットがあり，その境界は淡く不明瞭で，むしろ全体に斑模様で汚れたような被毛をしている．

　本種は，短足でずんぐりとした特徴的な体型をしており，筋肉質で赤肉割合の多いミートタイプの品種である．体重は雄で 280 kg，雌で 240 kg 程度である．本種はドイツに比較的多く輸出され，ドイツ種の改良に貢献している．

米国系の品種

（1）ハンプシャー（Hampshire；図 1-20）

　1820-30 年ごろに，英国のハンプシャー地方で飼われていたブリティッシュサドルバック種やその基礎となったウェセックス種およびエセックス種など，白帯をもつ品種が米国マサチューセッツ州に輸出され，その後 10-15 年のあいだにケンタッキー州へ広がって改良が加えられた．

　本種は，当初は輸入を提唱した人名にちなんでマッケイ（Mckay）と

よばれ，また皮膚が薄いことから，その意を表すシン・リンド（Thin Rind）ともよばれていたが，1904 年にハンプシャーにより名が統一されて，米国の主要なミートタイプの品種となり，1939 年に登録協会が設立された．光沢のある黒い被毛に白帯という，主要品種のなかでもひときわ目をひく特徴をもつ．中型ではあるが，赤肉割合がきわめて大きく，ロースの太さや尻から腿にかけての充実においても申し分のない優れた枝肉品質をもち，白色の大型種の雌に交配する種雄豚として人気が高い．体重は雄で 300 kg，雌で 250 kg 程度である．

わが国においても戦前から輸入され，もっとも多い年（1973 年）には全登録豚頭数の 5 分の 1 以上を占めていたが，その後は激減している．2014 年現在，宮崎県を中心に 5 系統が確立されたが，のちにすべてが認定を取り消されている．

（2）デュロック（Duroc; 図 1-21）

19 世紀初頭に西アフリカ，スペイン，ポルトガル原産の赤色豚が米国ニューヨーク州に輸入され，そこで飼われていたブタと，ニュージャージー州で作出された赤色豚が本種のおもな基礎となっている．前者の基礎豚は，デュロックという名のサラブレッドの所有者から導入されたことからデュロック系とよばれ，後者はジャージーレッドとよばれていた．したがって，この 2 系統は元来は別物であったが，その後，同時に分布が広がり，1883 年にデュロック・ジャージー登録協会が設立されて，デュロック・ジャージーというひとつの品種とみなされるようになった．そして，名前のなかのジャージーという部分が徐々になくなり，現在ではたんにデュロックとよばれるようになったが，もとはウマの名前であったものがブタの品種名になったという，めずらしいいわれをもつ．

本種は，育種改良において生産形質は当然重視されたが，毛色の濃淡はあまり斉一化されず，現在も黒褐色に近いものから赤色とよぶにふさわしい明るいもの，さらには黄色あるいは金色に近いものまで多様である．強健で環境適応性にも優れ，肉質，屠肉歩留り(ぶどまり)もよく，経済性において高く評価されている．米国で第 1 位の頭数を占めるようになったのは，もっとも経済性に優れている，つまり収益性に富むのが第一の理由といわれてい

る．また，性質がたいへん穏やかで扱いやすい点も家畜として適切な形質であろう．体重は雄で380 kg，雌で300 kg 程度である．

わが国においては1970 年から登録が開始され，肉豚が三元交配によって生産されるようになってから，二元雑種に交配する種雄豚（いわゆる「止め雄」）として多く利用されており，2014 年現在で，11 の系統が確立され，そのうち6 系統が維持されている．

（3）ポーランド・チャイナ（Poland China）

米国オハイオ州の原産で，バークシャー種と同様の，四肢，尾の先端および顔の先が白く，六白といわれる特徴をもった大型の黒色種である．本種は米国のコーンベルト地帯において，過剰生産のために出荷できなくなったトウモロコシを有効利用するためにつくられたブタで，ロシアや中国系のブタにバークシャー種をはじめいくつかの品種・系統を交配して確立された．ポーランド・チャイナという名前の由来は，本種の基礎豚がポーランドからきたことによるものではなく，ポーランドからの移民が飼育していたことによるもので，チャイナの部分は初期の品種改良に一部の中国系のブタが用いられたことによる．

本種は，前述のように，「トウモロコシで飼えるブタ」ということを重点に改良をしたので，肉質はそれほど優れているとはいえ，脂肪が多い．繁殖成績もあまりよくないので，ほかの品種との交配によって雑種として用いられる．体重は雄で300 kg，雌で250 kg 程度である．

なお，インディアナ地方の斑紋のあるブタを改良してつくられたものに，スポッテッド・ポーランド・チャイナがある．

（4）チェスター・ホワイト（Chester White）

米国ペンシルバニア州チェスター地方の原産で，米国でもっとも古い大型の白色種である．成立の過程において，在来種に英国から輸入された数多くの品種が交雑されているので，まれに黒斑の出ることがある．体型はポーランド・チャイナ種に似ており，同様に原産地からオハイオ州を経てコーンベルト地帯に広がっていった．

ラードタイプの品種が人気のあった時代には本種も有用であったが，需

要がミートタイプに変わってからは，本種の人気は急落した．母豚は早熟で多産，哺育性もよいなど，繁殖成績が優れている．体重は雄で 330 kg，雌で 250 kg 程度である．

中国系の品種

(1) 金華豚（きんかとん）(Jinhua pig)

中国浙江省金華地区の原産で，頭部と臀部が黒色，ほかは白色で，いわゆる「両頭烏」とよばれる毛色をした在来種である．背耳は大きく前方に垂れ，背線がくぼみ腹部が大きく垂れ下がるという中国在来種に共通の体系的特徴をもつ．「金華ハム」とよばれる良質のハムの加工に適したブタ

表 1-2 ハイブリッド豚のおもな名柄（吉本 1996）

銘柄	ハイポー(Hypor)	デカルブ(De-kalb)	コツワルド(Cots Wold)
作出国	オランダ	米国	英国
作出者	ユリブリット社	デカルブ社	ニッカソングループ
輸入年月	1973 年 6 月	1974 年 1 月	1976 年 10 月
供用品種	合成品種 父系 A 系 　　　B 系 母系 C 系 　　　D 系	ハンプシャー 大ヨークシャー デュロック ランドレース	父系大ヨークシャー 母系大ヨークシャー 合成品種 ランドレース 大ヨークシャー ウェルシュ ウェセックス
交配方式	(父系 A系♂♀ B系♂♀ 母系 C系♂♀ D系♂♀) GGP → GP ♂ ♀ ♂ ♀ → P ♂ ♀ → 肥育豚	(父系 A系♂♀ B系♂♀ 母系 C系♂♀ D系♂♀) GGP → GP ♂ ♀ ♂ ♀ → P ♂ ♀ → 肥育豚	(父系 A系♂♀ 母系 B系♂♀ C系♂♀) GGP → GP ♂♀ ♂ ♀ → P ♂ ♀ → 肥育豚

で，産子数は 15-16 頭といわれている．体重は 10 カ月齢時で 70-75 kg と小型である．

わが国には，1986 年に静岡県中小家畜試験場に導入されている．

(2) 梅山豚（Meishan pig; 図 1-22)

中国上海市北部を中心に分布する在来種で，産子数が多いことで有名であり，遺伝資源として重要である．平均産子数は 17 頭程度で，32 頭を分娩し，自身で哺育したという記録がある．毛色は黒で四肢の先端は白色を呈する．額が広く深いしわが刻まれており，耳は大きく垂れている．皮膚は厚く，体側部にも深いしわがあり，金華豚よりもさらに背線がくぼみ，

ウォールス (Walls)	カーギル (Cargill)	ケンボロー (P. IC)	バブコック (Babcock)
英国 ウォールス社	カナダ カーギル社	英国 ピッグインプルーブメント社	米国 スワント社
1978 年 6 月 父系大ヨークシャー 母系 　ランドレース 　ピエトレン 　サドルバック	1977 年 1 月 父系 　ハンプシャータイプ 　デュロックタイプ 母系 　大ヨークシャー 　ランドレース 　ハンプシャー	1981 年 11 月 父系 　ライン 24 　ライン 26 　ケンボロー 　ライン 31 　ライン 33 母系 　ケンボロー 　デュロック 　ホワイト	1981 年 10 月 合成品種 　父系 A 系 　　　B 系 　母系 C 系 　　　D 系
(交配図：肥育豚生産)	(交配図：肥育豚生産)	(交配図：肥育豚生産)	(交配図：肥育豚生産)

腹部が床に着くほど大きく垂れ下がっている．最近では，本種を含めて能力や形態が類似する太湖周辺の在来豚を総称して太湖豚（たいことん）とも称される．中国系の品種のなかでは大型で，体重は150 kg程度になる．

本種は，1986年以来，わが国へも多産性の品種として導入され，改良種との交配が試みられたが，メジャーな系統を産むまでにはいたっていない．

（3）海南豚（はいなんとん）（Hainan pig）
中国海南島を中心に分布する在来種で，臨高豚（りんこうとん），文昌豚（ぶんしょうとん），屯昌豚（とんしょうとん）などとよばれていたものが1983年に統一的に海南豚と名づけられた．本種は毛色が特徴的で，頭部とからだの上半部が黒色，下半部が白色である．その境界部分は黒色の皮膚に白色の毛が生えている．背線がくぼみ，腹部は垂れ下がっている．中型で短足，下腿部にしわがある．強健多産で，肉質も良好である．体重は10-12カ月齢の出荷時で80-100 kg程度である．

（4）桃園種（とうえんしゅ）（Taoyuan pig）
台湾北西部の桃園地方で飼われていた在来種である．もとは中国大陸から漢民族がもち込んだブタの子孫と考えられている．ほかの中国種と同様に，桃園豚と書くこともあるが，一般には桃園種とよばれる．梅山豚と同様にからだ全体に深いしわをもち，背線がくぼみ，床に着くほど大きく垂れ下がった腹部を有するが，産子数は9-16頭とそれほど多くはない．体重は雄で100 kg，雌で85 kg程度と小型である．

現在，台湾でもその飼養頭数は欧米系の大型種に押されて激減している．

ハイブリッド豚

ハイブリッドとは雑種をさすので，正確には品種とはいえない．しかし，現在の養豚では，とくに種雌豚は純粋種よりも一代雑種あるいはそれ以上の合成豚を用いることが多く，したがって肉豚は，それぞれ特徴の異なる複数の品種や系統を基礎に父系と母系をつくり，それを両親とした三元交配（3つの品種・系統を基礎とする．2系統からつくられた母系に純粋の雄系をかけ合わせるのが一般的）や四元交配（4つの品種・系統を基礎と

する．それぞれ別の 2 系統からつくられた父系と母系をかけ合わせるのが一般的）の雑種利用が主体となっている．主要なハイブリッド豚の銘柄を表 1-2 に示す（吉本 1996）．

図 1-14　大ヨークシャー種

図 1-15　中ヨークシャー種

図 1-16 バークシャー種

図 1-17 タムウォース種

図 1-18 ランドレース種

図 1-19 ピエトレン種

第1章 イノシシからブタへ

図 1-20 ハンプシャー種

図 1-21 デュロック種

図 1-22 梅山豚

第2章 雑食・胴長・鼻力
ブタのからだとそのしくみ

2.1 長い胴と大きなお尻,そして鼻

骨格

　ブタの外貌上の特徴といえば,第一に,突き出たじょうぶな鼻があげられるが,あるのかないのかわからないような短い頸と,すらっと伸びた長い胴も,ほかの身近にいる動物たちにはない特徴であろう.ブタの頸が短いのは,太くて短い首のヒトをさして猪首(いくび)というように,イノシシの時代から受け継がれた特徴である.

　ではまず,ブタの骨格がどのようになっているのかをみてみよう.獣医学や畜産学を学んだ読者は必ず目にしたことがあると思うが,解剖学の教科書に出てくるブタの骨格を図2-1に示した(加藤1974a).

　哺乳類の頸椎の数は,私たちヒトも含めてごく少数の例外を除いて7個と一定であるにもかかわらず,キリンのように長い頸をもつものもいれば,ブタのように「どこに頸があるの」というものもいる.これはひとつひとつの頸椎の長さの違いによるもので,ブタの頸椎は非常に短い.イノシシやその改良種であるブタは,後述のようによく発達した鼻で地面を掘って餌を採るので,細くてすらっとした頸よりも太くて短くがっしりとした頸のほうが合理的である.一方,キリンは高い木の葉を摂取するので長い頸が適しており,いずれも生物進化のたまものである.ちなみに,頸椎がもっと極端に短い動物はクジラで,7個の頸椎がひとつに融合したような形態をしており,たしかに魚類のような外貌からも,頸部がどこかは判別しにくい.

　胴の長さは,ブタではイノシシに比べてかなり長くなっているが,これはロースやベーコンとよばれる背と腹の肉が多くなるように改良を加えた

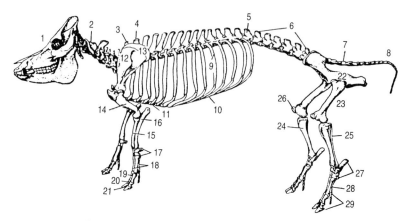

図2-1 ブタの骨格（加藤 1974a）
1：頭蓋，2：環椎，3：第七頸椎，4：第一胸椎，5：最後位胸椎，6：腰椎，7：仙骨，8：尾椎，9：肋骨，10：肋軟骨，11：胸骨，12：肩甲骨，13：肩甲軟骨，14：上腕骨，15：橈骨，16：尺骨，17：手根骨，18：中手骨，19，20，21：指の基節，中節，末節骨，22：寛骨，23：大腿骨，24：頸骨，25：腓骨，26：膝蓋骨，27：足根骨，28：中足骨，29：趾骨．

結果である．それに伴って，胸椎と腰椎を合わせた数もほとんどのイノシシが19個であるのに対し，ブタでは平均で21個程度，多いものでは24個におよぶものもあり，改良の進んだランドレース種など大型の品種ほど多くなっている．胸椎と腰椎の数は，ウマなどほかの動物でも品種差や個体差がみられるものも一部にあるが，その差は1個程度で，ブタのように変動の大きい動物は少ない．

　尾のつけ根にあたる仙椎は4個，尾椎はほかの家畜と同様に品種差があり，20-23個程度である．なお，ブタの尾がくるりとひと巻きしていることはよく知られているが，雑誌や看板などでは丸くなった部分が下向きに描かれているものも多い．しかし，ブタの尾はけっして下向きに巻かず，筆記体の小文字のエル（ℓ）のように上に巻くものである．

　肋骨の数は通常は動物種ごとに一定であるが，ブタでは胴の長さと関係して幅があり，一般には14-15対のものが多いが，少ないものでは12対，多いものでは16対あるものもまれにみられる．

　指の末節骨の先端は蹄で囲まれており，これを着地させて歩くのに適した形態をしている．これは有蹄類共通の特徴である．

筋肉

　ブタの筋肉を，骨格と同様に解剖学の教科書から引用すると，図2-2のような様相になる（加藤1974a）．たしかに，トンカツの肉もチャーシュウの肉も，あたりまえのことではあるが筋肉である．しかし，ブタの場合，筋肉というよりはたんに「肉」といったほうがぴったりという感じがするので，あえて『豚産肉能力検定実務書』（1991）にある図も引用したい（図2-3，図2-4）．

　トンカツに用いられる代表的な部位として，ロースとヒレがあるが，これを筋肉名でいうと，胸最長筋（きょうさいちょうきん）と大腰筋（だいようきん）ということになる．もっとも胸最長筋とはいわゆるロース芯のことで，トンカツのロース肉の場合には，そのまわりの頸棘筋（けいきょくきん），僧帽筋（そうぼうきん），背鋸筋（はいきょきん），腹鋸筋（ふくきょきん），腸肋筋（ちょうろくきん），広背筋（こうはいきん）などの筋肉や背脂肪なども一緒になっている．ヒレ肉は大腰筋だけを単独で用いたものである．

　わが国では，ロース肉の加工品をロースハム，また，各種の原料肉を寄せ集めて密着させた肉製品（正確にはソーセージの一種）をプレスハムとよんでいるが，本来はハムといえばモモ肉のことをさす．したがって，いわゆるハムというものはモモ肉の加工品のことである．このモモ肉は，半膜様筋（はんまくようきん），内転筋（ないてんきん），薄筋（はくきん），大腿筋（だいたいきん）（二頭筋（にとうきん），膜張筋（まくちょうきん），直筋（ちょっきん）など）などから構成されている．臀部から後肢にかけてのこれらの筋肉は，ほかの哺乳類においても基本的には同様であるが，ブタではとくに半膜様筋が発達している．

　ベーコンとなるバラ肉は，脂肪と赤肉が層を成しているので三枚肉ともよばれる．この部位の赤みの部分，すなわち筋肉は，外腹斜筋（がいふくしゃきん），内腹斜筋（ないふくしゃきん），腹直筋（ふくちょくきん），腹横筋（ふくおうきん），肋間筋（ろくかんきん）などがおもなものである．

　そのほか，鼻先から尻尾の先まで筋肉があり，それぞれ名称がついているが，詳細は『家畜比較解剖図説』（加藤1974a）など解剖学の専門書にゆだねたい．

特徴的な鼻

　そして鼻である．これまでにも何度となく述べているように，ブタの鼻

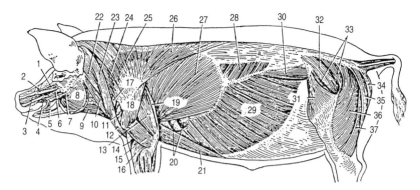

図 2-2 ブタの表層の筋肉（皮筋を除く）（加藤 1974a）
1：上唇挙筋，2：鼻唇挙筋，3：犬歯筋，4：口輪筋，5：下唇下制筋，6：上唇下制筋，7：頬骨筋，8：咬筋，9：胸骨舌骨筋，10：胸筋乳突筋，11：刺上筋，12：鎖骨上腕筋，13：上腕三頭筋長頭，14：上腕筋，15：上腕三頭筋外側頭，16：橈側手根伸筋，17：鎖骨下筋，18：三角筋，19：前腕筋膜張筋，20：腹鋸筋，21：浅胸筋，22：鎖骨乳突筋，23：鎖骨後頭筋，24：肩甲横突筋，25：僧帽筋頸部，26：僧帽筋胸部，27：広背筋，28：背鋸筋，29：外腹斜筋，30：胸最長筋と腰腸肋筋，31：大腿筋膜張筋，32：中臀筋，33：浅臀筋，34：半膜様筋，35：半腱様筋，36：大腿二頭椎筋頭，37：大腿二頭筋骨盤頭．

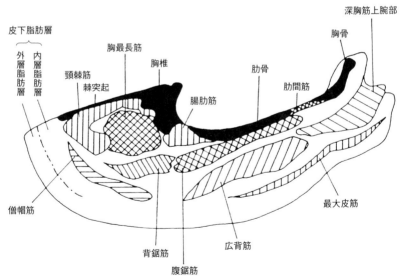

図 2-3 ブタ枝肉の断面（日本種豚登録協会 1991）

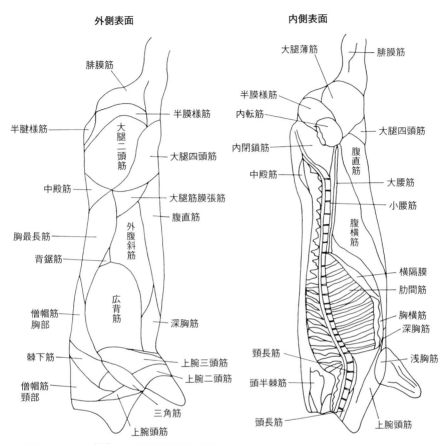

図 2-4 ブタの筋肉（日本種豚登録協会 1991）

はたいへん頑丈にできていて，土を掘ったりものをもち上げたりする重要な道具の役割を果たしている．ところが，鼻そのものの筋肉（鼻筋）という意味では，ブタはほとんど発達していないという（加藤 1974a）．しかし，鼻骨の先端の切歯骨とのあいだに噴鼻骨とよばれる小さな三角プリズム型の骨があり，これがブタの鼻を自在に動かし大きな力を発揮させるのに役立っているようだ．

では，いったいブタの鼻の力とはどの程度のものであろうか．多摩動物園や上野動物園の園長を歴任された中川志郎氏は，さまざまな動物の特徴

第2章 雑食・胴長・鼻力 45

的な行動や習性をまとめた本を書かれているが，そのタイトルはズバリ『ブタの鼻ぢから』(中川 1995) というものである．しかし，そのなかで取り上げられている動物は，サルの仲間やパンダなど，いわゆる動物園らしい動物がほとんどで，ブタに関する話題は，その鼻の力についてひとつの文献が引用されているにすぎない（ほかに，イノシシについての話題がひとつだけみられる）．その本にこのような表題をつけたということは，著者にとって「ブタの鼻ぢから」はよほどインパクトがあったのであろう．

そこに引用された図 2-5 のような自作の装置を用いて測定した実験によると，ブタが鼻で物を押し上げる重量は，108 日齢（体重 40-50 kg）のもので 7.5-32 kg であったという（美斉津ほか 1980）．この鼻力はブタの発育とともに強くなり，200 日齢（体重 110 kg）くらいでほぼ成豚の域に達し，最高値は 73.3 kg をもち上げたというから，成人男性を十分にもち上げられることになる．私たちの研究室においてもブタを飼育しているが，

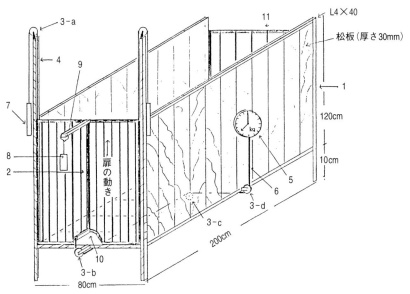

図 2-5 ブタの鼻力測定装置（美斉津ほか 1980）
1：測定箱，2：スライド扉（側方ベアリング付），3：滑車，4：扉案内レール（硬鋼），5：置針式力量計測秤（50 kg，100 kg），6：ワイヤー，7：ウェイト筒（減量用），8：ウェイト筒（加重用），9：ウェイト吊り，10：力点（鼻押し込み口），11：豚出入口．

管理作業中に，当番の学生がちょっと油断したすきに鼻で押し上げられたり突き飛ばされたりということも何度か経験している．

その後，私たちの研究室において，離乳前から離乳直後（12-30日齢）の子ブタを用いて同様の実験を行ったところ，押し上げる力量は子ブタの発育とともに直線的に増加し，平均では12日齢で1.3 kgをもち上げられたものが，30日齢では5.5 kg（最高値は7.0 kg）をもち上げられるようになり，増体重1 kgあたりのもち上げ力量の増加は平均で0.96 kgであった（田中ほか，未発表データ）．なお，この力には性差や母ブタの違いによる個体差は認められなかった．

毛の色と耳のかたち

第1章において，代表的なブタの品種の特徴を述べたが，そこにも書いたように，ブタの毛色は白，黒，灰，茶，あるいはそれらの混ざったものなどバラエティーに富んでいる．毛色の遺伝的な特徴をあげると，ヨークシャー系の白色はすべての有色に対して優性であるが，赤茶色をしたタムウォース種とかけ合わせると，わずかに赤みがかった毛色の個体が出ることもある．チェスター・ホワイト種の白色も優性であるが，黒色のブタとの交配により，黒斑が出ることもある（内藤 1974）．

黒と茶（赤）では，品種により黒が優性の場合と，逆の場合とがある．ハンプシャー種の白帯は優性であるが，白色種との交配では白帯にはならずに，前軀が白，後軀が黒のように黒と白の部分の出方が変わる．バークシャー種やポーランド・チャイナ種の六白は単色に対して不完全劣性とされている．

すなわち，毛色の発現にはそれぞれひとつではなく複数の遺伝子が関与していると考えられる（奥村・三橋 2001）．

耳のかたちは，大ヨークシャー種のようにぴんと立ったものと，ランドレース種のように横からは目が隠れるほど前に垂れたものがある．これは，垂れたもののほうが不完全優性といわれている．

2.2 子どもからおとなへ──ブタの生殖の生理

雄の性成熟

　ブタの生理学的な特徴のなかで，まず生殖にかかわる特徴について述べておこう．はじめは，雄がどのようにおとなになっていくかについてである（ハーフェツ 1973; 瑞穂 1982）．

　雄の性成熟は，精巣（睾丸）内における精子の発生，精巣上体（副睾丸）における精子の成熟，射精能力の発現，精子および精液の量的ならびに質的発育，さらには乗駕欲など行動的な活力も含めて総合的に判定される．

　精母細胞が精巣に初めて現れるのは 3 カ月齢ごろで，精娘(せいじょう)細胞は 4-5 カ月齢，そして精子が現れるのは 5-6 カ月齢である．6 カ月齢ごろになると，造精機能は旺盛になり，85% 以上の精細管に精子が認められ，完熟期に達したものとほぼ同様の状態が認められる．

　精巣上体には 4 カ月齢以降になると精子が認められるようになり，5 カ月齢ごろからは顕著に増加する．7-8 カ月齢以降になると，ほぼ安定した状態となる．

　射精能力は 6 カ月齢ごろから発現する．しかし，精子および精液の性状が安定するのは 7-8 カ月齢で，精子の生存時間もこのころからはほぼ一定となる．

　したがって，8 カ月齢以降は繁殖に供することが可能となるが，できれば十分に成熟する 10 カ月齢以降から用いることが望ましく，また，1 歳齢ごろまでは供用回数も過度にならないよう配慮したい．

　ここで，性成熟に達した雄ブタの生殖器の構造をみておこう（図 2-6; 加藤 1974b）．生殖器の基本的な構造は，ほかの哺乳類と大きく異なるものではない．一般に，精子を生産する精巣，精子を貯蔵する精巣上体，精管，尿道，陰茎，および副生殖腺からなる（林 1996）．

　精子がつくられる精巣は，肛門の下にある陰囊のなかにあり，長径が 10-13 cm，短径が 6-8 cm の楕円型をしており，重量は 200-400 g であり，ちょうど巨大な卵のようなかたちをしている．つくられた精子の貯蔵およ

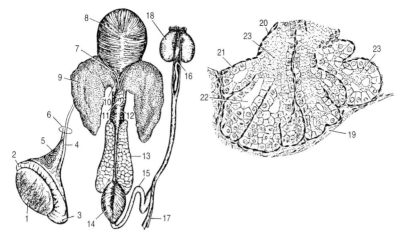

図2-6 雄ブタの生殖器（加藤1974b）
左：雄の生殖器全径路，右：尿道球腺の組織，小葉のひとつを示す．
1：精巣，2：精巣上体頭，3：同，尾，4：精管精索部，5：蔓状静脈叢，6：鼠径管，7：精管骨盤部，8：膀胱，9：精囊腺，10：精囊腺の導管，11：前立腺体，12：尿道筋（前立腺伝播部を包む），13：尿道球腺，14：球海綿体筋，15：陰茎Ｓ状曲，16：陰茎先端，17：陰茎後引筋，18：包皮憩室，19：小葉間結合組織，20：間質の結合組織細胞の核，21：尿道球腺の腺細胞，22：腺腔，23：充満した分泌物．

び成熟に重要なはたらきをする精巣上体は，精巣の背面に位置している．その長さは17-18 cmあり，頭部，体部，尾部に分けられ，尾部は精管に続いている．精管は精巣上体から離れて，精巣動脈，精巣静脈，リンパ管などと一緒に蔓状静脈叢を形成する．これは，精巣静脈が動脈やリンパ管と大きな面積で接触することにより，静脈血の冷却をよくし，熱に弱い精子が高温にさらされないようラジエーターのようなはたらきをするとともに，静脈から動脈への物質の対抗流輸送に貢献していると考えられている．

　ブタは射精量がほかの動物に比べてずば抜けて多く，1回に100-600 ml（平均300 ml）も射出する．このことからもわかるように，副生殖腺がよく発達している．精囊腺は，長さが10-15 cm，幅が5-8 cmと大きく，尾端は骨盤の内側に位置するものの，ほかの部位は腹腔内に突出している．精囊腺は精液の10-20%を分泌する．前立腺は，精囊腺の腹側にあり，体部と伝播部からなる小さな組織である．尿道球腺は，長さが16-18 cmとウシなどに比べて特異的に大きいが，ここからの分泌液は精液の10-25%

程度である．したがって，多量に射出される精液の大半は，尿道腺や前立腺で生産されると考えられている．

では，外部生殖器はどのような構造をしているのだろうか．ブタのペニス（陰茎）は，S字状カーブとよばれる曲がりくねった特徴的なかたちをしている．ウシのペニスも同様にS字状カーブをしているが，ブタのペニスは非勃起時で50-60 cmもある細くて長いもので，カーブがより極端で，ワインのコルク抜きのようにコイル状になっている．勃起時には長さが25%，直径が20%ほど増加し，ねじれがまっすぐに伸びる．包皮は長く，背面にある包皮憩室から雌をひきつけるフェロモン効果のある液を分泌する．

雌の性成熟

つぎに，雌はどのようなプロセスで性的におとなになっていくのであろうか（ハーフェツ 1973; 瑞穂 1982）．

原始卵胞が卵胞細胞の増殖によって増大し，内部にできた卵胞腔のなかに卵胞液が充満して，いわゆるグラーフ卵胞となる．7週齢ごろには多層のグラーフ卵胞が卵巣内に現れ始め，15週齢ごろになると卵胞腔をもつ卵胞が明らかにみられるようになる．この卵胞がさらに成長して，4カ月齢を過ぎるころには，外陰部が赤く腫脹するといった発情兆候が現れ始める．これは，このころには卵胞の発育とともに，発情ホルモンの分泌が始まることを意味している．しかし，この時期には卵胞はかなりの大きさまでは発育するものの排卵までにはいたらず，したがって，かりに雄と一緒にしても乗駕を許容しない．

同様の兆候を不規則な周期で数回繰り返したのち，8カ月齢ごろになると外陰部がより明確に腫脹し，赤みも増して粘液を漏出させる本格的な発情がみられるようになる．このときに初めて排卵を伴うようになり，雄の乗駕を許容する．このあとは，受精しなければ約21日周期で定期的に発情を繰り返す．

やはりここで，性成熟に達した雌ブタの生殖器の構造をみておきたい（図2-7; 加藤 1974b）．雌の生殖器は，一般に，卵子がつくられる卵巣，卵子の通路となり，また受精が行われる卵管，受精卵が着床し胎盤形成が

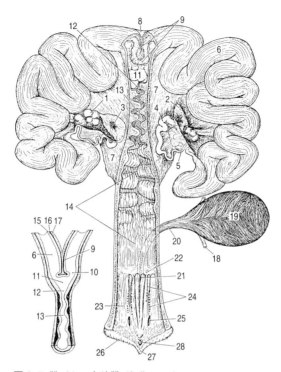

図 2-7 雌ブタの生殖器(加藤 1974b)
右:雌の生殖器(背壁の一部切開), 左:子宮体付近の模式図.
1:卵巣, 2:卵管采, 3:卵管腹腔口, 4:同, 膨大部, 5:同, 峡部, 6:子宮角, 7:子宮広間膜, 8:角間間膜, 9:子宮帆, 10:子宮角と子宮体の移行部, 11:子宮腔, 12:子宮峡部, 13:子宮頸管, 14:膣, 15:子宮内膜, 16:子宮筋層, 17:子宮外膜, 18:尿管, 19:膀胱, 20:尿道, 21:外尿道口, 22:膣弁の痕跡, 23:膣前庭, 24:小前庭腺開口, 25:盲嚢状陥凹, 26:陰唇, 27:腹側陰唇交連, 28:陰核亀頭.

第 2 章 雑食・胴長・鼻力

行われる子宮，交尾器と産道を兼ねる膣，そして膣前庭と陰門からなる（林 1996）.

卵巣は，表面に卵胞や黄体が突出した不規則なかたちをしており，大きさは約 5 cm である．ブタの原始卵胞は約 6 万個あるが，1 回の発情ごとに十数個を排卵するだけなので，ほとんどが閉鎖卵胞となる．卵巣では，性成熟や発情にかかわる卵胞ホルモンや，妊娠の維持にかかわる黄体ホルモンの分泌も行われる．

卵管は 15-30 cm の長さで，その前半部である膨大部とよばれる太い部分で受精が行われる．後半部は細く峡部とよばれ，子宮角(しきゅうかく)につながる．

子宮は，動物種によってその形態が異なる．齧歯類やゾウにみられるような，左右に独立した 1 対の管状に分かれた子宮角をもつ重複子宮，ヒトを含む霊長類にみられるような，子宮角とよぶべき部位がなく，子宮がひとつの嚢状となる単一子宮，そしてそれらの中間型ともいうべきもので，1 対の子宮角と子宮体に分かれる双角子宮，の 3 つに大別され，多くの家畜はこの 3 番目の型の子宮をもつ．なお，双角子宮のなかでも，ウシやウマのように，左右の子宮角の中隔が残っていて子宮体が比較的狭いものを，双角子宮と区別して両分子宮とよぶことが多い（ハーフェツ 1973）．ブタは双角子宮をもち，その特徴としては，子宮角が著しく長いことがあげられるが，これは多胎性の動物に特有のものである．また，子宮頸も長く，子宮頸管が曲がりくねっている．したがって，子宮角と子宮頸の長さに対して，そのあいだにある子宮体が極端に短いという特徴をもつ．

膣は長さが 10-12 cm で，筋層がよく発達している．陰門の腹側の先端（陰唇交連）はとがって突出しており，したがって裂口はやや上向きとなる．陰核は約 6 cm あり，外からもわずかにみえる．

発情と排卵

雌ブタの発情時の外見的な変化は，まず外陰部が充血して赤く腫れることと，陰部から粘液が漏出することが特徴である．発情は平均 1 週間程度持続するが，状態の変化から一般に 3 期に分けることができる（瑞穂 1982）．

前期は，外陰部に赤みがさし，膨らみ始めてから雄の乗駕を許容するま

での期間をさし，平均で2.7日，個体によっては1-7日の変動がある．この間，外陰部の発赤と腫脹が漸増していく．中期に近くなると陰門から水溶性の透明な粘液が漏れ出し，挙動が落ちつかなくなる．

　中期になると，陰部の充血と腫れが明確になり，排尿回数が多く挙動もより落ちつきがなくなる．陰門からの粘液は，乳白色を帯び，粘りけが増してくる．この時期は1-4日，平均で2.4日程度持続し，この間は雄を許容する．排卵は発情中期に入ってから約30時間後に起こり，その卵が受精能力をもっているのは，数時間から長いもので12-24時間（ハーフェツ1973; 瑞穂1982），通常は10時間程度といわれている（丸山1996）．

　これらの時期が過ぎると，陰部の充血と腫れは急速にひいて通常の状態に戻っていく．この時期を後期といい，雄の乗駕は許容しなくなる．この期間は平均で1.8日，長いものは5日くらい余韻を残すものもある．

2.3 暑さは苦手か──環境とブタの生理

寒さを嫌う子ブタと暑さを嫌う親ブタ

　ブタは多胎であり，1回の分娩で10頭前後の子どもを産むので，母ブタが200 kg以上にもなるのに対して，子ブタは1.5 kg前後と，親の1%にも満たないような体重で生まれてくる．したがって，生まれたばかりの子ブタはたいへん未熟であり，皮下脂肪層が薄く被毛も少ないので，断熱性が悪く寒さに弱い．新生子の体脂肪率は，ヒツジで3%，ウサギで6%であるのに対して，ブタはわずかに1%にすぎないのである（Pond and Houpt 1978）．

　新生子ブタの体温は，図2-8に示すように経時的に劇的な変化を示すが，環境温度の影響を大きく受けることが明白である（吉本1996）．これをみると，生まれた直後の子ブタの体温は39℃以上あるものが，30分くらいのあいだに急激に低下し，とくに低温環境下ではこの体温低下が激しく，長く続く．このときに適切な温度管理および授乳がなされないと，死にいたるものも少なくなく，生時体重が小さいものほど死亡率が高い．しかし，適切な管理のもとでは子ブタの成長は早く，生後5-7日で体温調節機能は

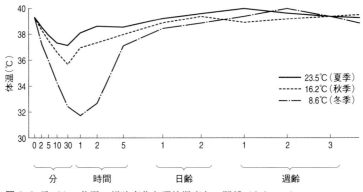

図 2-8 子ブタの体温の経時変化と環境温度との関係（吉本 1996）

ほぼ十分に働くようになる．逆にいえば，寒冷環境における子ブタの死亡の約 70% は生後 1 週間以内に起こるので，この時期には 28-35℃ の環境を提供することが重要である（三村・森田 1980）．

　育成期においては体温調節機能は完成に近づくので，低温の影響は子ブタ期に比べて小さい．しかし，低温下では体温の維持に多くのエネルギーが必要となるので，正常な発育を保つためには飼料摂取量は必然的に多くなる．高温下では熱産生を減らすために食欲が減退し，成長は阻害される．したがって，離乳後の早い時期で 20-25℃，それ以降は 18-20℃ 程度が生理的に適温であり，家畜としてみた肉生産においてもこの範囲の温度が適切である（笹崎 1976）．

　性成熟に達したブタでは，子ブタとは逆に皮下脂肪が厚く，また汗腺が未発達のために，暑さに弱い．恒温動物は，いかなる環境においても体温を維持し生理的平衡を保とうとする生体恒常性（ホメオスタシス homeostasis）とよばれる機能を備えているが，30℃ を超えるような高温環境においては，ブタの体温は上昇し，副腎皮質機能の亢進ならびに甲状腺機能の低下が起こる．それにより，雌ブタでは受胎率の低下や，受精後の胚死亡率の上昇が認められる．また，夏季には卵巣機能が低下して，発情が鈍化したり再発しないなど，性周期が乱れる．このように，ブタにおいて高温感作は繁殖性に大きなダメージを与える（吉本 1982）．

　暑さによって繁殖機能が大きなダメージを受けるのは，雄ブタにおいて

も同様である．酷暑期には，交尾欲が減退したり，なかにはまったくなくしてしまったりと，行動的に繁殖性が低下する．そればかりでなく，高温によって精巣自体が影響を受け，造精機能が低下し，精子数そのものの減少のほか，精子活力の低下，死滅精子や奇形精子の増加など，精液性状が悪化する（吉本 1982）．したがって，7-9 月は受胎成績が落ちやすい．これは夏季不妊（summer sterility）とよばれ，酷暑期の種豚の温度管理や通風にはとくに留意する必要がある．

体温調節のメカニズム

ブタの正常体温の範囲は 38.7-39.8℃ にあり，ウシやウマよりもやや高く，ヒツジやヤギとほぼ同程度である（三村・森田 1980）．

動物が体温を維持するためには，放熱によって失われる熱量を差し引いても体内に十分な熱量が残留するような産熱量が必要である．すなわち，動物の体内における熱収支は，

$$E = (H + H_r) - (Q_r + Q_c + Q_l + Q_v + Q_{in} + Q_{ex})$$

E：体内残留熱，H：産熱量，H_r：動物体に加えられる放射熱量，Q_r：放射による放熱量，Q_c：対流による放熱量，Q_l：伝導による放熱量，Q_v：蒸発による放熱量，Q_{in}：摂食・飲水による放熱量，Q_{ex}：排泄による放熱量

の式で表すことができるが，この E が動物が体温を維持し活動に使用する熱となる．

ブタは，たとえば高温環境においては，摂食量を減らして熱産性を低下させ，呼吸数を増やしたり，冷たい床にからだを横たえたり，あるいは水浴びをしたりなどして放熱量を増加させることで，体温の上昇を防いでいる．夏季における食欲の低下は，体温調節からみても理にかなっているといえる．一方，低温下では，摂食量を増加するばかりでなく，ふるえによっても産熱量を増やす．そして，身を寄せ合うなどして放熱を抑制しようとする．

2.4 雑食の帝王

消化器の特徴

ブタの消化器の特徴といえば，まず基本構造がヒトとよく似ていることがあげられる．ブタがヒトの実験モデル動物や異種臓器移植の担い手として期待されるのも，ヒトと類似点や共通点が多いからである．なお，実験動物としてのブタの利用については，第5章でふれる．

ブタの口から肛門にいたるまでの消化器の全体的な構造を図2-9に示した（田先ほか1974）．ブタの胃は，同じ単胃であるウマなどと比べると，からだの大きさに対して相対的に大きく，容量は5.7-8 l もある（加藤1974a; 阿部1982）．ブタの胃はとくに左側がよく発達しており，噴門の近くには胃憩室とよばれる小室が突出していて，複胃のようでもあるが，ウシのように反芻するわけではない．

腸は小腸が約17 m あり，そのうち最初の80 cm 程度が十二指腸で，大腸が3-4.5 m，全長で20 m 前後の長さをもっている．また，盲腸は比較的大きく，長さが20-40 cm，幅が8-10 cm 程度であり，ウマやウサギなどと同様に，繊維の消化に重要な役割を果たしている（加藤1974a; 阿部1982）．

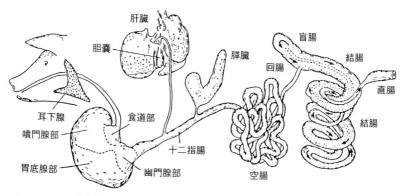

図2-9 ブタの消化器（田先ほか1974）

なんでも食べる──食性と味覚

　第1章でもふれたように，イノシシは元来は森林にすみ，そこから得られる動物性および植物性の多くのものを摂取する広範囲の食性をもつ．ブタもイノシシ同様の食性を維持しており，環境によってはたくましい雑食性を示す．たとえば，野生（再野生化）のブタは，植物では若木，ジャガイモなどの塊茎，根，種，若芽や花のつぼみ，葉など，ほとんどのものを餌にしている．また，かれらは，昆虫，ミミズ，イモムシ，ナメクジ，ヘビ，カエル，幼鳥や卵，齧歯類などのほか，弱った小動物や死体を含め，多様な動物も捕食対象としている（Signoret *et al.* 1975）．

　家畜のブタは，通常は穀物を中心とした配合飼料で飼育されるが，かつては残飯養豚が一般的であったように，人間の食べ残しを再加熱したものや，豆腐かすやビールかすなどのかす類，賞味期限の切れたパンなどもブタはよく食べるので，これらは有効な飼料として用いられる．また，牧草やそのサイレージ（サイロに詰め，発酵させて貯蔵したもの）などのいわゆる粗飼料も利用されていた．前述のように，消化器の特徴からいえば，もっと繊維質の飼料でも十分に有効利用が可能である．しかし，当然のことながらブタの健康および生産物の質，すなわち肉質についても考慮する必要があるので，産業としては，廃棄物や粗飼料だけで飼育できるわけではなく，栄養的に調整する必要がある．なお，ブタの飼料については第4章でくわしく述べたい．

　ブタは甘味に対して強い嗜好を示す．とくに，子ブタは砂糖の甘さに強くひかれ，授乳期に始める餌付け用の飼料に砂糖を添加すると嗜好性が増す．成熟したブタも甘味を好むが，とくにリンゴの風味を好むといわれる（Kilgour and Dalton, 1984）．

2.5 見る・聞く・嗅ぐ，そして覚える

ブタの五感

　動物のもつ感覚器官は，種によってそれぞれ異なったはたらきをする．

たとえば，イヌは私たち人間ではとうてい嗅ぎ分けられないような鋭い嗅覚をもっているし，コウモリは私たちが聞き取れないような超音波で交信している．これはすべての動物種が同じ地球という環境にいながら，それぞれ必要な情報や刺激だけを受け取るように進化してきた結果である．
　私たちがふだん動物に接するときには，私たちにみえているものや聞こえているものが，動物にはどのように感じ取られているか，ということなどはあまり意識しないで，いいかえれば無意識のうちに同じ環境にいるようなつもりでいることが多いと思われる．しかし，イヌはイヌ，ウシはウシ，ウマはウマ，トリはトリ，そしてブタはブタ特有の感覚機能をもち，同じ環境にいながらもそれぞれ異なった感じ方をしているのである．このような動物の感覚機能を知ることは，その動物を知り，共存していくうえで重要な基本的事項のひとつであろう．
　多くの動物は，ヒトに比べて嗅覚と聴覚が優れ，視覚は劣っているが，ブタも例外ではなく嗅覚と聴覚が優れている．視覚はあまり重要とは考えられていないようでもあるが，ヒトや他個体の認知には視覚が重要な役割を担っていることもわかってきている．
　そこで，ここではブタのもつ視覚，聴覚，嗅覚，味覚，触覚の五感のうち，とくに遠隔受容器（からだと距離をおいて離れたところからの刺激を受け入れる受容器）といわれる目，耳，鼻の能力について，私たちの研究成果も含めて述べてみよう．

色覚と視力──視覚の特徴

　あらためて動物について考えたとき，かれらは色を見分けることができるのだろうか，あるいは動物にはものがどのようにみえているのだろうか，という素朴な疑問は多くの人々がもっているのではないだろうか．1960年代に，すでにいくつかの哺乳類が色彩感覚をもつことを示唆する報告がなされており（Ducker 1964），その後にも，夜行性でないすべての哺乳類は程度の差こそあれ，なんらかの色覚をもつことが示されている（Jacobs 1981, 1993）．
　しかし，こういった文献はだれでもが目にするというものではなく，また，その内容も十分には明確でない部分も多いため，一般には，霊長類を

除く多くの哺乳類は色覚をもたず，白黒の世界にすむと考えられているようである．テレビの動物関係の番組などでも「イヌは色の区別ができない」などといった表現がよく使われ，ほかの動物種についてもしばしばみられる．

近年，身近な家畜について，その色覚能力を調べた実験が，私たちのものも含めていくつか報告されており，ウシやヒツジなど反芻家畜は三原色をいずれも識別できることがわかっている（Bazely and Ensor 1989; Riol et al. 1989; Tanaka et al. 1989a, 1989b ほか）．ウマもほぼ同様の色覚能力を備えているようである（Smith and Goldman 1999）．また，イヌは二色型の色覚ではあるが，波長の識別はできる（Rosengren 1969; Neitz et al. 1989 ほか）．

しかし，ブタについては，三原色を含む広い範囲の波長を識別できるという報告があるものの，残念ながら統計的にきちっと解析されていない（Klopfer 1965）．また，ブタの視覚は色覚も含めてよく発達していると書かれた成書もみられるが，それには具体的なデータは示されていない（Kilgour and Dalton 1984）．そこで私たちが，色と餌との関係を学習させて二者択一式の同時弁別学習法を用いて調べたところでは，三原色のうち青はほかの色とはっきりと区別できるが，緑は識別が困難で，赤はほとんど識別できないという結果が得られた（Tanida et al. 1991c）．

そうなると，この色覚の特徴はイノシシの時代からのものなのか，あるいはブタ特有のものなのか，ということが当然のこととして知りたくなった．しかしながら，イノシシを手に入れ，飼育してブタと同じように学習させることに対して，私たち自身に試行錯誤の期間があり，実際にその実験に踏み切るまでにしばらく時間がかかった．幸いウリボウを導入することができ，その時期から飼育してヒトに馴れさせて学習させることに成功し，イノシシについてブタと同じ方法でその色覚を調べることができた．その結果，イノシシのほうが緑に対してもやや反応できるようではあるが，やはりブタと同様の特徴が認められ，青から赤あるいは緑に近づくにつれて，その識別が困難になっていくようすが明らかであった（Eguchi et al. 1997a）．

このことは，ブタの目の構造からはどのように解釈できるのであろうか．

動物の眼球内の網膜上には，明暗を司る桿状細胞（rod cell）と色すなわち光の波長を司る錐状細胞（cone cell）が認められるが，その発達の程度や割合は動物種によってさまざまである（真島1990）．ブタの場合，錐状細胞の数はヒトと比べると少ないものの，その存在が確認されている（Beauchemin 1974）．一般に，夜行性の動物は色を識別するよりも，暗いところでもののかたちや動きを知ることのほうが重要なので，錐状細胞が少なく桿状細胞のほうが発達しており，そういった動物は，色の識別ができないと断定しているものもある（石川1989ほか）．しかし，夜行性の齧歯類でも色覚をもつ動物もあり，イヌも視細胞は夜行性動物の特徴をもち夜目がきくが（Ducker 1964），色の識別もできることが私たちの行動学的な研究からも明らかになったのである（Tanaka *et al.* 2000a）．

　一方，ヒトにおいて，赤と青の郵便ポストを昼間と薄暮期に見比べると，昼間は赤のほうが鮮やかにみえてめだつが，薄暮期には青のほうが鮮やかで明るく感じ，赤はくすんでみにくくなるという．これはプルキンエ移行とよばれる現象で，明るさの違いによって桿状細胞と錐状細胞の感度が変化することによって起こる生理現象である（池田1988; 中島1993ほか）．

　イノシシは昼でも夜でも活動できるが，とくに黎明期や薄暮期に活動が活発になる（Robert *et al.* 1987）．ブタにおいても性行動は黎明期に活発に行われる（詳細は次章を参照）．これらのことから考えると，ブタの視覚機能はイノシシの時代からの特徴を維持しており，本来は薄暗い時間帯をおもな活動期とする動物としての特徴をもつものと考えられよう．

　では，視力という点では，ブタはどの程度の能力を備えているのだろうか．動物の視力を測定するには，ある距離から異なる図形を識別させたり，白と黒の縞模様の幅を変えて違いを識別させたり，あるいはテレビ画面上を動く単純な図形を追う視線運動を測定したりと，さまざまな工夫が行われているが，ヒトの視力測定法に準じた方法を用いると，どの程度みえているのかというイメージがつかみやすい．

　ヒトにおいては，一定の距離（通常は5 m）からランドルト環とよばれるC字型の図形（図2-10）の切れ目の位置をことばで伝える方法により判定することが一般的である．この方法は，ランドルト環から目までの距離と，そのランドルト環に切れ目があることが判別できる最小の大きさと

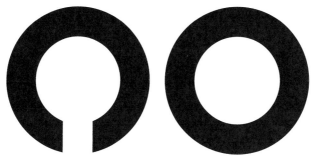

図 2-10 視力検査用のランドルト環（左）と円図形（右）
ランドルト環の大きさおよび距離と視力との関係は以下のようになる．
$S=(7.5/P)\times(n/5)$
$Fk=(1.5/S)\times(n/5)$
S：視力，P：ランドルト環の外径（mm），n：距離，Fk：ランドルト環の幅（mm）．

から視力値を求めるもので，切れ目が判別できなくなる，いいかえればランドルト環が円図形にみえた時点で終了となる．そこで，この方法を動物に応用してかれらの視力を知ろうというもので，ランドルト環と，それと同じ大きさの円図形とを同時に提示して，ある一定の距離から弁別をさせる方法が有効な手段となる（圓通 1989; Entsu et al. 1992）．

　この方法を用いて，私たちが 4 頭のブタの視力を調べた結果，その値は 0.017-0.07 と，かなり低い値であった（Tanaka et al. 1998a）．しかし，この数値はあくまでもヒトの基準でいうところのものであって，眼鏡をかけないブタはものがきちんとみえていないのかというと，そういうものではないだろう．ブタはブタなりに必要な見方をしているわけであり，かれらが新聞の小さな文字を読むわけではなく，小さな違いを識別するよりも視野を広くもって，まわりの動きを警戒するほうがより重要なのである．

　なお，夜行性か昼行性かということとの関連でいうと，ブタの視力値もヒトと同様に照度の低下に伴って低下するので，この点からは黎明期や薄暮期では細かな識別は日中以上に困難かもしれない（Tanaka et al. 1998b; Zonderland et al. 2008）．しかし，前述の色に対する感受性との関連において，さらに研究を続ける必要があろう．

どこまで聞こえるか──聴覚の特徴

ブタは音に対して注意を向けるとき、耳をそばだてるというよりは、むしろ顔全体を動かして音の方向に定位する。このように、耳そのものは敏感に動くわけではないが、聴覚は非常によく発達している。

水を報酬として、音のあとに続く弱い電気ショックを回避することを条件づけ学習させる方法で測定した実験によると、ブタの可聴閾は 42 Hz から 40.5 kHz の広い範囲にあり、なかでも 250 Hz から 16 kHz の範囲においては、20 dB 以下の小さな音でも聞き取ることができる高い感受性を示したという（図 2-11; Heffner and Heffner 1990）。この範囲は、ヒトの可聴閾とされる 20 Hz から 20 kHz と比べても遜色はなく、むしろ高周波域においてはヒトよりも優れているといえよう。

私たちが 63 Hz から 8 kHz の範囲のホワイトノイズ（あらゆる可聴周波数を含む白色雑音）を用いて、音がするほうへブタが移動すれば餌が得られるという、音と餌との条件づけ学習による方法で調べた結果では、この範囲では周波数が高くなるほど直線的に可聴音圧は低くなり、63 Hz で

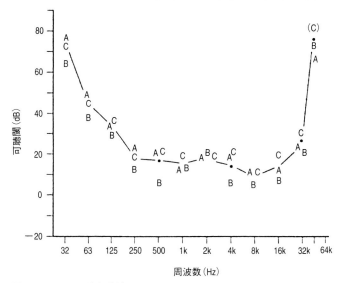

図 2-11 ブタの聴力曲線（Heffner and Heffner 1990）
A, B, C は個体記号.

は55 dBであったものが，8 kHzでは5 dBでも聞き取ることが可能であった（田中・吉本1998）．この実験では，図2-11に示したヘフナーらの結果に比べ，250-1000 Hzの可聴音圧がやや高くなったが，その後の追試では，この範囲の可聴音圧は20-25 dBとヘフナーらの結果とほぼ一致した（田中ほか 未発表データ）．

なお，ブタの可聴閾は100-750 Hzときわめて狭く表示されているものもあるが（三村1997），その出典とされる文献には具体的な数値は示されておらず（Curtis 1983），また，上記のヘフナーらのデータや私たちの研究結果からも，そのような範囲にとどまるとは考えられない．

では，ブタは音声によってたがいにどのようなコミュニケーションをとっているのであろうか．もっとも特徴的でよくみられるものとして，母ブタと子ブタの授乳・吸乳時の鳴き声がある．授乳時の母ブタは必ず「グウグウ」という特有の声を出し，横たわっていてもこの声を出していないときには，乳は出ていないという．また，子ブタはそれに先だって乳をねだる甲高い声を発する．子ブタは吸乳中にも断続的に鳴くが，このときの声は持続時間や基本周波数，ピッチなどの違いから少なくとも，「クローキング croaking」（おもに吸乳開始時に発せられる短くガーガー鳴く声），「ディープ・グラント deep grunt」（吸乳期間中を通じて発せられる短い単調な声），「ハイ・グラント high grunt」（deep gruntに似ているが，基本周波数が高い），「スクリーム scream」（子ブタどうしが乳頭を争う際に発せられる長いギャーギャー鳴く声），「スクウィーク squeak」（screamと同様に闘争時に発せられるが，ピッチの変化が少ないキーキー鳴く声）の5種類に分類されるという（Jensen and Algers 1983/84）．

そのほか，成熟したブタの鳴き声は，英語では「グラント grunt」（通常のブーブー鳴く声），「バーク bark」（吠えるような声），「スクウィール squeal」（甲高い悲鳴，ときには112 dBもの音量を出すという）などの用語で表現され，それぞれニュアンスが異なる．それらが表す意味としては，空腹や渇きを訴える声，警戒の声，恐怖時の声，子ブタをよんだり世話をするときの声，敵対行動時の声，性行動時の声など，それぞれ異なる特有の鳴き声が20種類以上に分類されている（Kilgour and Dalton 1984）．

トリュフを探す──嗅覚の特徴

　先に，ブタはじょうぶな鼻で地面を掘って餌を探すと書いた．この行動はルーティングとよばれるものであるが，ただやみくもに力まかせに掘っているのではない．鋭い嗅覚で探りながら，また，鼻の前面（吻鼻平面）には触毛とよばれる毛が生えており，触覚的にも敏感で（阿部1982），ここぞというところを掘るのである．

　この能力を利用して，世界の三大珍味のひとつであるトリュフをブタに掘りあてさせるというのは有名な話である．とくに，フランス南西部のペリゴール地方では，最近までブタに縄をつけて地中のトリュフを探し出させ，発見したブタにはジャガイモやトウモロコシを与えて，それに注意を向けさせておき，そのあいだに人間がトリュフを掘り出すというやり方で収穫していたという（ダネンベルグ1995）．ブタの嗅覚もすごいが，それをうまく利用する人間は，別の意味でもっとすごいのかもしれない．もっとも，イヌもたいへん優れた嗅覚を備えているし，調教もブタよりも容易なので，トリュフ探しにはイヌを用いることも多かったとも聞く．

　ブタ自身の特有の匂いという点については，さまざまな器官で産生されるフェロモンによるところが大きい．ブタにかぎらず多くの哺乳類では，雌雄間の性的な行動連鎖には匂いの情報が重要である（森1993）．雌が発散するフェロモンは雄を明らかに誘引するし，雄性ホルモン活性の結果として雄の生殖腺や唾液腺から分泌されるフェロモンは，雌にとって魅力的なものである．また，去勢しないで育成された雄ブタの肉に特有な，いわゆる牡臭（ぼしゅう）といわれる匂いもこれによる（Signoret *et al.* 1975）．

　なお，トリュフにはこの雄ブタの性フェロモンと同様の物質が含まれていることが確かめられており，ブタがトリュフを簡単に探しあてる秘密はそこにあるらしい．

　ブタ自身が発散する匂いは，雌雄の性的な情報交換ばかりでなく，たがいの認識においても大いに役立っている（Meece *et al.* 1975; Houpt and Wolski 1982）．初対面のブタどうしは必ず匂いを嗅ぎ合い，声や姿などほかの情報とあわせて個体識別をしている．

　ブタの優れた嗅覚能力は，トリュフの収穫ばかりでなく，麻薬捜査にも

役立っている (Kilgour and Dalton 1984). 麻薬捜査に用いられる動物としてはイヌのほうが一般的ではあるが, 1987年に旧西ドイツにおいて, ルイーゼと名づけられた麻薬捜査豚が大いに活躍していたというから (ダネンベルグ 1995), このブタに見破られた犯罪者の表情を考えると, なんだかユーモラスなシーンを想像してしまう.

視覚・聴覚・嗅覚それぞれの役割

これまで述べてきた視覚, 聴覚, 嗅覚は, それぞれの刺激もそれを受け取る受容器も異なるが, 行動の発現にとって, 一般にはそれぞれが単独で作用するものではなく, それ以外の味覚や触覚, あるいは温感覚なども含めて複合的に作用して行動を発現させる. もちろん, 行動の発現には外部からの刺激だけでなく, 内的な動因, すなわち動機づけのレベルが関与していることはいうまでもない. すなわち, ある行動に対する動機づけのレベルが高ければ, それに対応する外からの刺激は弱くても行動が発現するし, 逆に動機づけレベルが低ければ相当に強い刺激がないと行動は発現しにくい. わかりやすくいうと, おなかがすいているときには少々まずそうなものでも手が出るが, おなかがいっぱいのときには, よほどうまそうなものにしか手を出さないということである.

ブタは出生直後において, 視覚, 聴覚, 嗅覚, 触覚はすでにかなり発達しているという (Rohde and Gonyou 1991). その実験によると, 新生子ブタは, 明るさの違い, 母ブタの声と子ブタの声, それらとホワイトノイズの違い, また胎盤の匂い, 母乳の匂い, 水の匂いのいずれも識別可能なことが示されている.

では, 子ブタは母ブタの乳頭に到達するために, どのような情報に頼っているのであろうか. 私たちは, 乳つき順位 (各子ブタが生後数日以内に1, 2個の決まった乳頭から吸乳するようになること. 詳細は第3章参照) が確立した直後の子ブタを用いて, 乳頭探索における視覚, 聴覚, 嗅覚の役割について実験した (Tanaka *et al.* 1998c). 正常な子ブタが母ブタの乳頭にたどり着く経路と時間を調べてから, かれらの視覚, 聴覚, 嗅覚のいずれか, またはそのうちの2つ, あるいは3つすべてが一時的に働かなくなるような処置をして, その乳頭探索行動を観察した. まず授乳の合図

を始めた母ブタから子ブタを隔離し，横臥している母ブタの背中の位置から子ブタを放し，乳頭にたどり着くまでの時間と，その間に分娩柵や母ブタにぶつかって進行方向を変えた回数を調べた．その結果は，図2-12に示したように，いずれの感覚も遮断されることで乳頭の探索を困難にさせたが，とくに視覚の遮断を加えることにより，子ブタは乳頭に到達するまでにより長い時間を要するようになり，柵や母ブタにぶつかる回数も有意に多くなった．それに対し，嗅覚の遮断は意外にも子ブタの乳頭探索行動にはあまり大きな影響を与えず，聴覚の遮断はこれらの中間の効果を示した．

　動物の各個体の適応度（個体がいかに次世代を残していくことができるかについての遺伝的貢献の尺度）にとってもっとも基本的な行動である摂食や生殖に，匂いが非常に重要な役割をもっているので（森 1993），乳つき順位の維持にも嗅覚がとりわけ重要と考えられていた（Jeppesen 1982; Kilgour and Dalton 1984）．しかし，新生子ブタが乳頭を探ることには嗅覚が大きな役割を果たしていても，乳つき順位が確立した5日齢以降の乳頭探索行動においては，動物一般に考えられている嗅覚の役割よりも，むしろ視覚がもっとも重要な役割を果たしていることが，私たちの実験結果から推察される．

　ブタは管理者を識別することができるが，その場合も嗅覚よりもむしろ視覚的な刺激，とくに作業服の色が大きな手がかりになる（Koba and Tanida 1998）．この結果からも，ブタが色覚をもっていることがわかるだろう．さらには，作業服の色が同じ場合には，体型や顔の特徴を手がかりに見分けるという（木場・谷田 1999）．

　雄ブタは，雌の発情兆候を知る手がかりとして，フェロモンの匂いよりもむしろ行動の変化をおもにみているという（Houpt and Wolski 1982）．これは，嗅覚による性的探査に重要といわれるフレーメン反応が，ブタにおいてはウシやウマのようには明確でないところから，そのように考えられているようである．しかし，第3章でふれるように，ブタは必ずしもフレーメン反応をしないわけではなく，先に述べたように匂いの情報もやはり重要であろう．

　いずれにせよ，これらの事実から考えると，いわゆるヒトでいうところ

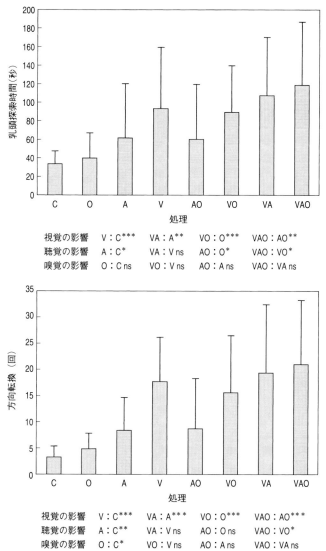

図 2-12 子ブタの乳頭探索行動における視覚,聴覚,嗅覚の役割 (Tanaka *et al.* 1998c)
C:対照区(無処理区),O:嗅覚遮断,A:聴覚遮断,V:視覚遮断.
*,**,***:統計的に有意差あり(それぞれ $p<0.05$, $p<0.01$, $p<0.0001$),ns:統計的に有意差なし($p>0.05$).

の視力値という点ではブタは劣っているかもしれないが，ある視覚刺激を手がかりにして環境を認知し，行動を発現させるという意味においては，目の機能も捨てたものではなく，かれらの生活において重要な位置を占めているといえよう．

なお，ブタの生産現場において，哺育中の母ブタが横臥する際に子ブタを踏みつぶすことがしばしばみられる．このようなときの母ブタは，子ブタが自身の腹の下にいることの視覚的な情報に対しても，腹部の皮膚に子ブタが触れる触覚的な刺激に対しても，それを避けようという反応はせずに，おかまいなしに横臥してしまう．しかし，つぶされそうになった子ブタの出すキーキーという甲高い鳴き声（squeal）に対しては反応する個体が多いので，この場合においては聴覚情報が重要となる（Hutson *et al.* 1991）．

認知と識別——学習能力

ブタは，管理者が給餌の準備を始め，その音が聞こえると，たとえその姿がみえなくてもそわそわとし始め，餌を要求する声を出す．この行動は，パブロフのイヌと同様に，毎日同じことが繰り返されるうちに，音がすれば餌がもらえるという，音＝餌の関係を学習していることを意味する．これは古典的条件づけ（classical conditioning）とよばれる学習のひとつで，多くの動物に類似の行動がみられる．毎日の作業時に出る音は必ずしもまったく同じではないので，ある程度似たような音に対しては同様の反応を示す（これを刺激に対する「汎化」あるいは「般化」という）が，音がいつもと大きく違えばあまり反応はしない（これを「刺激の弁別」という）．

また，鼻でペダルを押すと水が出てくるウォーターカップなど，飲水や摂食などになんらかの操作が必要な装置に対しても，ブタは比較的短期間で学習し，苦もなく使いこなす．これも条件づけ学習のひとつではあるが，自らなにかを操作するのでオペラント条件づけ（operant conditioning），あるいは偶然に操作したこととそれによって起こった結果とを繰り返すことで学習が成立するので，試行錯誤（trial and error）学習ともよばれる．

先に述べた，視覚や聴覚の能力を調べた実験においても，ある刺激と報酬（餌），あるいはなんらかの操作と報酬との関連を学習させる，条件づ

け学習が応用されている．たとえば，私たちが行った色覚（Tanida *et al.* 1991c），視力（Tanaka *et al.* 1998a, 1998b），および聴力（田中・吉本1998）を調べた実験では，ある色＝餌，円図形＝餌，音＝餌の関係をそれぞれ学習させ，さらにその正刺激側のスイッチを押す，あるいはこれにY字型迷路をも組み合わせて，正刺激側に行くことで報酬が得られることを学習させている．この方法は，イノシシの色覚を調べた実験においても同様である（Eguchi *et al.* 1997a）．

このように，イノシシやブタは，刺激と強化（報酬または罰）あるいは操作と強化とを連合させるいわゆる連合学習（associative learning）とよばれるものを，比較的容易に成立する程度の学習能力を備えている．ただし，実験的に条件づけ学習をさせる場合には，臆病さや好奇心など情動性の個体差によって，学習の成立が非常に困難な個体もみられる．

一方，ブタは新規の環境を与えられるとその匂いを嗅ぎ回り，激しく探査する．しかし，ある程度の時間が経過すると，安心したように横になる．これは，この新しい環境を認知し，そこが自分にとって安心できる場所と判断して，そのことを学習したのである．また，面識のないブタどうしをひとつの群れにすると，はじめは激しい敵対行動がみられるが，しだいに落ちついて群れのなかでのたがいの関係が安定する．詳細は，第3章で述べるが，この群れが安定するというのは，各個体がたがいに他個体を識別して優劣関係を記憶していることを意味する．前述のように，ブタはヒトの識別もできることから，各個体は，各種の感覚情報をフルに活用して環境を認知し，記憶しているのであろう．

第3章 清潔好きな動物
ブタの行動

3.1 よく食べ，よく眠る──ブタの1日

行動の分類

これまで第1章および第2章において，ブタのたどってきた道筋や種としての特性，その生理学的・生体機構学的特性について述べてきた．第3章はかれらの行動の特性についての章である．

行動というのは，ことばとしては「動物がなにかを行うこと」という意味であるから，動物がしていることのすべてが行動ということになる．「行動」は「行う」という字と「動く」という字からできている単語なので，動物がなにかしら動いていることというイメージをもたれるかもしれない．しかし，たとえばじっと立ち止まっていたり，あるいは睡眠中など，動きがほとんどなくても，これもまた行動である．

このように書くと，結果がどうであれやることなすことなんでも行動，ということになるが，本来，行動とは刺激に対する応答，すなわち「動物の個体が外界に対して示す動き，振る舞い」と定義される（三村1997）．したがって，行動とは無意味なものではなく，それぞれの刺激に対応して適切に振る舞うことということができる．

私は，ブタやイノシシばかりでなくヒツジ，ウシ，ニワトリといった家畜・家禽をはじめ，イヌおよび動物園の野生動物の一部も含めて，かれらのおかれている環境と，そこでのかれらの行動について研究を続けている．したがって，本章では，できるだけ私たちの研究グループが行った実験データや私自身の考えを出していきたい．

動物の行動は，その機能から，自身の生命や健康を維持していくための維持行動と，次世代を再生産して遺伝子を残していくための生殖行動，お

よびなんらかの理由でそれらが正常に発揮できないときにみられる失宜行動に大別できる (Fraser 1980; 佐藤ほか 1995; 三村 1997). 生物学的には，自身を維持していくための行動も，無事に生きのびた結果として，最終的には自身の遺伝子を残すための行動ということもできるが，短期的な機能としては，この両者を分けてとらえたほうが理解しやすい．

一方で，現象的には，仲間との関係を含まず個体が単独で発現させ，その機能を完結させる個体行動と，2個体以上が関係して成立する社会行動という分類もできる（三村 1997）．この分類からは，たとえば摂取行動（摂食・飲水行動）は，維持行動のなかの個体行動，すなわち個体維持行動（個体完結型の維持行動）ということができる．しかし，ここでいう維持行動を個体維持行動，そのなかの個体完結型の行動を維持行動とよぶこともあり（佐藤ほか 1995），両者の関係が前述の分類（三村 1997）とは逆になっていたが，その後，維持行動のなかの個体維持行動とすることで一致している（佐藤ほか 2011）．

食べる・飲む――摂食・飲水行動

ブタの飼い方は，その目的や発育ステージなどによってさまざまであるが，産業動物としてのブタは，一般には，繁殖豚はストールとよばれる1頭ずつ仕切られた単飼豚房で飼われ（図3-1），肥育豚は数頭から十数頭を1群とした群飼豚房で飼われることが多い（図3-2）．放牧養豚の形態をとっているところもあるが，それほど多くはない（図3-3）．

ブタの1日をみると，たとえば放牧されている場合は刺激が多く，活動量も増加するなど，飼い方によって行動パターンは当然変わってくるが，おおざっぱにいうと，どのような飼い方においても1日の70-80%は横になって休息している．とくに，一般的なブタの生産農場のように，繁殖豚はストール飼育，肥育豚は群飼豚房というような飼い方では，いずれにおいても休息が80%以上を占めている．残りの20%程度が立ち上がって活動している時間ということになるが，この大半は摂食・飲水行動である．動物にとって，食べたり飲んだりという行動は，個体維持行動のなかでも，もっとも基本的かつ重要な行動であるが，ブタにおいては活動のほとんどがその行動で占められているといえよう．

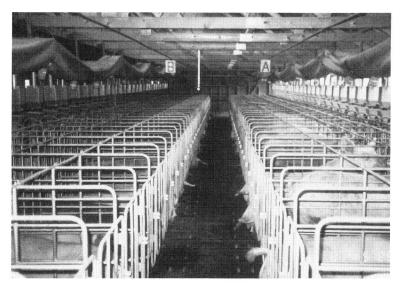

図 3-1 繁殖豚のストール豚房

図 3-2 肥育豚の群飼豚房

第 3 章　清潔好きな動物 | 73

図 3-3 放牧養豚

　ブタの摂食行動を考えるとき,第 2 章でふれたように,かれらが単胃動物で,雑食性であることをまず念頭においておく必要がある.草食動物はおもに上顎と下顎の水平運動によって草を咀嚼し,肉食動物はおもに顎の上下運動によって筋肉を嚙み取るような食べ方をする.では,雑食性のブタの場合はどのような食べ方をするのだろうか.

　ブタの摂食行動について,かつて私は,通常の粉餌や成形した粒餌(ペレット),粉餌に水を加えた練り餌など,飼料の形状をいく通りかに変えて詳細に観察した経験をもつ(Yoshimoto and Tanaka 1988).一般には,ブタは穀物主体の粉状の配合飼料を給与されることが多いが,そのような場合には,まず口を餌につっこみ,下顎で餌をすくうようにして取り込む.このときに顎の上下運動によって餌を口腔内に送り込み,これを 2,3 回繰り返したあとに,顔を上げて咀嚼し嚥下する.その際,かなりの量の餌が口のまわりからこぼれ落ちる.ペレット状の餌を給与すると,取り込み方は粉餌とほぼ同様であるが,嚙み砕くための咀嚼が必要となり,こぼしながらもガリガリかじるようにして嚥下にいたる.この場合,単位時間あたりの摂取量は粉餌よりも多くなる.練り餌にすると摂食速度はさらに速く

なり，咀嚼の回数も極端に少ない．

したがって，ブタが摂食行動に費やす時間は，配合飼料（粉餌）をいつでも自由に食べられるように不断給餌にした場合で3-4時間/日，ペレットでは約1時間/日，練り餌にすると30分以内で1日の必要量を食べることができる（吉本1973; Yoshimoto and Tanaka 1988）．さらに極端な例では，配合飼料の1日量を定量時間給餌（決まった量をある制限時間内だけ与える方法）すると，10分以内で食べ尽くすことも報告されている（Signoret *et al.* 1975）．

放牧など，土のある環境で飼育すると，ブタは強力な鼻をスコップのように使ってあちこちを掘り返し，土中にいるカエルやミミズなどの小動物や昆虫，木の根などを食べるが，その動作は配合飼料に口をつっこむ場合と基本的にはほぼ同様で，このような環境では探索も含めて6-7時間を摂食行動に費やす（Signoret *et al.* 1975）．

子ブタ期（哺乳期）においては，当然のことながら母乳が栄養摂取の中心となる．しかし，ブタは1.5 kg前後の生時体重のものが3-4週齢の離乳時（自然にまかせておくと，もっと長期にわたって授乳するが，産業的にはこれくらいで離乳させる）には7 kg程度まで急激に発育するので，哺乳期といえども母乳だけでは栄養的に不足し，10日齢-2週齢ごろからは人工乳とよばれる粉状の配合飼料が給与される．この子ブタの人工乳に対する摂食行動は，初期には鼻をつけて舐めるように摂取するので，このころの子ブタは一様に鼻先が真っ白になって愛嬌のある顔つきをしている．その後は成豚の摂食行動と同様に口を餌につっこみ，下顎で餌をすくうようにして取り込むようになる．

ブタは単飼されるよりも群飼の場合のほうが摂食行動が活発になり，その結果，摂食量が増加し発育も早くなることが知られている（Cole *et al.* 1967; Fraser 1980など）．したがって，肥育豚は群飼されることが一般的である．これは行動の社会的促進（social facilitation）といわれる現象で，群れのなかの仲間との競争意識によるものと考えられており，ほかの動物においてもみられ，また，ほかの行動においても同様の現象がみられる．なお，最近私たちの研究室において，ある学生が卒業研究として，単飼のブタに対して摂食時に自分の姿が映るような大きい鏡を豚房の壁に設

置し，その映った自分の姿を競争すべき相手と考えて，摂食行動の社会的促進がみられるかといった実験を行ってみた．しかし，結果は期待したようにはならず，どうやらこの試みは失敗に終わったようである．

一方，群飼豚に対する給餌器のスペースを十分には与えずに競争させることで摂食行動を活発にさせ，成長が早まるとの報告もある（Rippel 1960）．しかし，後述のように，群飼では各個体のあいだに必ず優劣関係ができるので，このような給餌法の場合，群れのなかの劣位のブタは強い優位のブタが食べ終わってからでないと採食できないことが多くなる．近年は，すべての個体から不必要な苦痛をなるべく排除すべきというアニマルウェルフェアの考え方との関係から，群飼の場合は全頭が同時に摂食できることが求められている．

不断給餌されているブタは，摂食行動の途中に何度となく飲水する．したがって，飲水行動は摂食行動が活発な時間帯に多くみられる．ブタの飲水行動の動作は給水器の構造によって異なるが，ウォーターカップ式の自動給水器（図3-4）の場合は鼻でペダルを押して水をカップに出し，上下

図3-4 ウォーターカップ式給水器

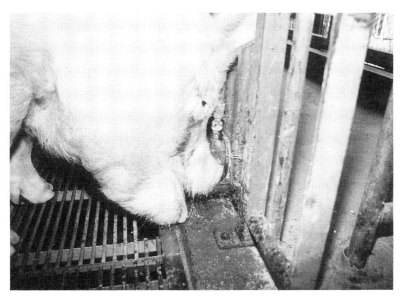

図 3-5　ウォーターカップ式給水器での飲水行動

図 3-6　ティート式給水器

の顎を閉じてそのなかに入れて吸引する（図3-5）．ティート式（図3-6）の場合にはバルブごとくわえ込んで吸水する．第2章で述べたように，ブタは学習能力に優れており，これらの給水器の操作法は比較的短期間で修得できる．なお，1日あたりの飲水量は，夏季には摂食量の5倍程度，冬季には2.5倍程度である．

休む・眠る──休息行動

前述のように，ブタは1日の大半を休息行動に費やす．ブタはすべての家畜のなかでもっとも休息・睡眠の時間が長い（Fraser 1980）．それであれだけ早く肥るのだから，まさに「寝る子は育つ」を地でいく動物の代表である．

ブタの休息時の姿勢には，立ったままの立位，後肢を曲げて座る犬座位（けんざ），腹這いになる伏臥位，そして体側面を床につける横臥位がみられるが，一般に後者ほど休息のレベルが高くなる．したがって，もっとも効果的な休息である睡眠時には横臥姿勢をとることが多い（図3-7）．

図 3-7 睡眠時の横臥姿勢

睡眠は，ヒトや動物に普通にみられる現象であるが，睡眠と覚醒の境界を明確に規定するのは困難である．通常は，脳波を基準として「脳の機能として起こる有機体の生理的な活動水準の低下状態」を睡眠と定義する．睡眠は脳波の状態から2つの段階に大別される．ひとつは，大脳皮質の脳波が徐波化し，交感神経活動の軽度な低下と副交感神経活動の持続的な上昇を伴う，自律機能の状態が安定した徐波睡眠とよばれる段階であり，もうひとつは，大脳皮質の脳波は覚醒時と同様な低振幅パターンを示しながら，四肢の骨格筋の緊張が消失し，自律機能の状態が不安定な逆説睡眠とよばれる段階である．逆説睡眠のときには眼球がよく動くので，rapid eye movementの頭文字をとってレム睡眠（REM sleep），あるいは動睡眠（active sleep）ともいい，それに対して，徐波睡眠はノンレム睡眠（NREM sleep）あるいは静睡眠（quiet sleep）ともいう（田中1997）．これは，基本的にはブタもヒトも共通である．

　ブタをはじめ，主要な家畜であるウマ，ウシ，およびヒツジの睡眠時間と姿勢を比べた結果が報告されている（Ruckebusch 1972）．それによると，表3-1に示されるように，ウマがわずか2時間しかからだを横たえることはなく，睡眠時間も短くてほとんどを立ったままで過ごすのとは対照

表3-1 家畜の睡眠時間（Ruckebusch 1972より作成）

家畜種	覚醒		睡眠		姿勢	
	警戒休息など[1]	まどろみ	徐波睡眠	逆説睡眠	立位	横臥・伏臥位
ウマ						
1日	19:13(80.8)	1:55(8.0)	2:05(8.7)	0:47(3.3)	22:01(91.8)	1:59(8.2)
夜間[2]	5:14(52.4)	1:54(19.0)	2:05(20.8)	0:47(7.8)	8:01(80.1)	1:59(19.9)
乳牛						
1日	12:33(52.3)	7:29(31.2)	3:13(13.3)	0:45(3.1)	9:50(40.9)	14:10(59.1)
夜間	1:55(16.0)	6:14(51.9)	3:06(25.8)	0:45(6.3)	1:30(12.5)	10:30(87.5)
ヒツジ						
1日	15:57(66.5)	4:12(17.5)	3:17(13.6)	0:34(2.4)	16:50(70.1)	7:10(29.9)
夜間	5:58(49.8)	2:45(22.9)	2:43(22.5)	0:34(4.8)	7:10(59.7)	4:50(40.3)
ブタ						
1日	11:07(46.3)	5:04(21.1)	6:04(25.3)	1:45(7.3)	5:10(21.5)	18:50(78.5)
夜間	4:23(36.5)	2:30(20.8)	3:52(32.2)	1:15(10.5)	1:20(11.1)	10:40(88.9)

［単位］時間：分（%）．
[1] まどろみ，徐波睡眠および逆説睡眠を除くすべての時間．
[2] 夜間はウマのみ10時間，ほかはすべて12時間．

図 3-8 犬座姿勢

的に,ブタは徐波睡眠だけでも 6 時間あまりとほかの家畜の 2-3 倍を費やし,睡眠とまどろみを合わせると約 13 時間を費やしており,19 時間近くを横臥・伏臥姿勢で過ごしている.

なお,イヌ科やネコ科動物に特有の犬座姿勢は,ウシやウマなどではほとんどみられないが,ブタではごく普通にみられる.したがって,ブタにおける犬座姿勢は異常なものではないが,床の状態や面積の不足など不適切な環境において,この姿勢が過度に多くなることがある(図 3-8).

出す――排泄行動

ブタは,一定の場所に排糞尿をする,いわゆる「ため糞」の習性をもっている.この習性は祖先種のイノシシから受け継がれ維持されているもので,野生の状態では一般に,水たまりや川縁など低地の湿った環境のところが排泄場となる.通常の飼育環境でも同様に,低くて湿った場所に排泄し,高くて乾燥した場所が寝床となる.

したがって,豚舎設計においては,排泄場と寝床が区別できるように施

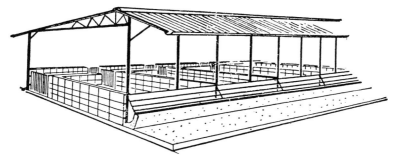

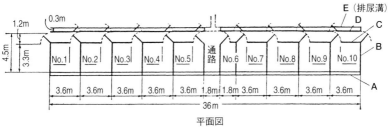

平面図

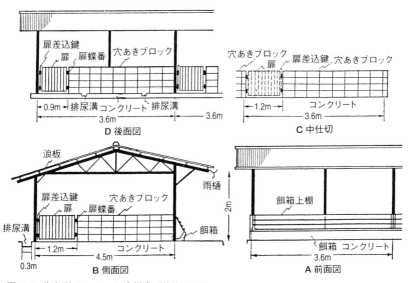

図 3-9 改良型デンマーク式豚舎（笹崎 1976）

設設備を配置することが重要となる．しかし，いくら豚舎の構造が適切でも，飼育密度が高すぎると排泄場で休まざるをえない個体が出てくるし，その汚れた個体が今度は寝床部分にきてそこも汚してしまうと，けっきょくは排泄場と寝床が一緒になってしまうことになる．このように，ブタは本来，ベッドルームとトイレはけっして一緒にはしないという清潔好きな動物であるにもかかわらず，一部で不潔な動物の代表のように誤解されているのは，豚舎設計や管理の不適切さによるものであり，ブタには罪はなく，気の毒な話である．

排泄行動は，「摂取された飼料のなかの消化されなかった部分の排出」という生理的な意義のほかに，各個体がなわばりを主張するマーキングとしての意味ももっている．このため，豚舎では隣接する豚房にいるブタがみえるところで排泄することが多い．これらの習性をうまく利用し，寝床を清潔に保ち，かつ糞尿の掃除がしやすい施設として，古くからデンマーク式とよばれる豚舎が広く普及した．この豚舎は，図3-9に示したように，豚房の前側で給餌し，後方は一段低くしてその部分は隣がみえるようにしておくことで，排泄は後方に集中し，給餌器側はつねに清潔に保たれて快適な休息場となる．さらに，排泄場の隣との境を開閉できるようにしておけば，全豚房の排泄場が1列につながって，一気に掃除ができるようになっている．また，その部分をスノコにして糞尿が落下するようにすれば，より省力的かつ清潔に飼える．

その後，アメリカ式とよばれる豚房など，さまざまな改良が加えられた豚舎が設計されているが，いずれにせよブタの排泄行動にみられる種としての習性を考慮して設計されている．なお，豚舎設計の詳細については，畜産関係の成書にくわしく解説されているので，それらを参考にされたい（笹崎 1976 など）．

護る――護身行動

動物が自身のからだを維持していくためには，これまで述べた「食べて出して休んで」というのが基本となるが，まわりの刺激から身を護ることも重要である．ブタは多胎であり，個々の子ブタはきわめて未熟な状態で生まれ，体内の脂肪の蓄積がほかの多くの動物に比べて少ないので，寒さ

図3-10 子ブタの群がり

に弱い．ブタの脂肪蓄積が少ないというと，読者は意外に感じられるかもしれないが，第2章でくわしく述べたとおり，新生子ブタは実際にそうなのである．逆に，成豚では皮下脂肪が厚く汗腺が発達していないために，暑さに弱い．したがって，体温調節のためのブタ特有の行動がみられる．

　寒冷時にみられる子ブタの群がりもそのひとつで，たがいにからだを寄せ合い，あるいは重なり合って体熱の放散を防ぐ（図3-10）．成豚でも寒冷時には同様の行動が観察され，ひとかたまりのようになって休息する．また，運動場が付設されている場合には，寒い季節の好天の日に日あたりのよいところで日光浴をしながら休息する．なお，ここで「休息する」と書いたように，群がりや日光浴は体温調節の面からみれば護身行動に分類されるが，エネルギー出納の面からみれば休息行動の一形態ともいうことができる．このように，行動の分類は必ずしも絶対的なものではない．

　酷暑期には，ブタは日陰を求め（これを庇陰(ひいん)行動という），土やコンクリート床などにべったりとからだを横たえて伝導による熱放散を図るとともに，パンティング（浅速呼吸）によって呼気からも熱放散をさかんに行う．水や泥をからだ全体に塗りつけ，蒸発による熱放散を行う姿もよくみられる（水浴，泥浴）．この行動は，「ヌタ（沼田の意）を打つ」あるいは「ノタ打ち」などとよばれ，野生のイノシシから受け継がれた行動で（図3-11），かれらはよく利用するシシ道（けもの道）の途中に「ヌタ場（ノタ場）」とよばれる泥浴び場を設ける（相賀1985）．飼育下では，水や泥

図3-11 ノタ（ヌタ）打ちとよばれる泥浴

がない場合には糞尿をそれらのかわりに用いるので，これが「ブタは不潔だ」との誤解の原因となる．したがって，くどいようだが，前述のとおり排泄場と休息場を分けると同時に，夏場の風通しや水場の工夫によって，ブタは本来の清潔な状態を保てるのである．なお，「ぬたくる」「のたくる」「のた打ちまわる」などのことばの語源は，このイノシシの行動に由来するといわれている（東1998）．

　そのほか，通常の飼育条件ではあまりみられないと思われるが，野犬の侵入などに対しては，当然のことながらブタは自分の身を護ろうとする．童話「3匹の子ブタ」では，子ブタがすばらしい知恵でオオカミをやっつけたが，現実はそんなにうまくはいくわけもなく，ブタは隠れようとする行動をとる．同様に，未知のヒトが近づいてきた場合などに，とくに子ブタは豚房の隅に集まり，たがいに鼻先を他個体の下に潜り込ませて隠れようとする．実際には「頭隠して尻隠さず」の状態になってしまうことが多いのではあるが，このような行動も護身行動のひとつといえる．

磨く——身繕い行動

　動物が，口や脚を用いて体表を掻く，あるいは物にからだを擦りつけることなどによってかゆみを軽減させたり，尾振りや身震いなどによって有害昆虫を追いはらったり，あるいは皮膚や毛についた寄生虫や汚れを取り除く行動や，体毛を整えるために体表面を手入れする行動を総称して「身繕い行動」とよぶ（佐藤ほか 1995）．ブタでは，横臥休息の姿勢から起き上がったときに伸びをしたり，全身を震わせてからだのほこりをはらう行動がこれに分類される．このとき，大きな耳がパタパタと音を立てることがよくみられる．

　また，立ったまま前肢で頭部を掻いたり，イヌがよくやるのと同様に犬座姿勢で後肢で脇腹を掻くことも多い．脚が届かないところは柵などにこすりつけて掻く．ほかの動物では自身のからだを嚙んだり舐めたりして身繕いをすることも多いが，ブタでは体型的に口による身繕いは困難で，口のまわりを舐める程度である．このため，どうしても掻くことができない

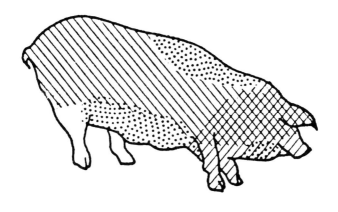

図3-12　ブタの代表各部位と身繕いの方法（Signoret *et al.* 1975）
A：後肢で掻く．B：壁など垂直の物にこすりつける．C：他個体の鼻や口による．

ような部分は，仲間に舐めたりしてもらう相互グルーミングに頼らざるをえない．ブタが身繕いをなにによって行うのかをからだの部位別に図3-12に示した（Signoret *et al.* 1975）．

砂場がある場合には，ブタはよく寝ころんで砂浴びを行う．同様に，体温調節というよりは，体表の寄生虫を取り除くなど身繕いのためにも水浴や泥浴も行う．したがって，水浴や泥浴は，ときには冬場でもみられることがある．

このように，身繕い行動は護身行動と厳密には区別しにくい面もあるが，自身を快適に保つ，あるいは不快な状態から脱するための行動で，慰安行動あるいは安楽行動（comfort behavior）ともよばれる．

調べる──探査行動

ブタは，発育とともに飼育場所を移動させられたり，豚房に新たな管理機器が設置されたりと，新奇環境にさらされることはめずらしくない．また，ヒトを含めて他種動物が侵入してくることもあるだろう．このような場合，その未知の刺激に対して，目，耳，鼻などの感覚器官を動員して定位し，近づいていって，触れてみたり舐めたり噛んだりと，視覚，聴覚，嗅覚に加えて触覚や味覚も使って調べる（図3-13）．

わけのわからないものが身のまわりに現れたとき，それが自分にとってプラスになるものなのかマイナスに作用するものなのか，あるいは無視す

図3-13 探査行動

ればよいものなのかを調べることは，動物にとって適応的なことといえる．私たちヒトをはじめ，このような行動はどの動物種においてもみられるが，なかでもブタに特徴的な探査行動として，ルーティングがある．第 2 章でふれたとおり，ブタは強靭な鼻をもち，また嗅覚もとくに優れている．放牧場など土のあるところでは鼻でさかんに掘り返し，不要な物はもち上げて跳ね退けたり，可食物は食べたりしながら移動する．コンクリート床の豚房においても，ブタは掘り返すことはできないまでも，鼻を床につけて匂いや感触を確かめながら移動する姿がよくみられ，これもルーティングに含められる．

遊ぶ――遊戯行動

　動物，とくに哺乳類は，「遊び」としかいいようのないような行動を発現させる．しかし，あらためて考えてみると，そのほとんどは子ども（幼齢期）にみられるもので，おとなになってもよく遊ぶ動物は，ヒトだけかもしれない．

　遊びを定義することはむずかしい．われわれヒトにおいても，どこまでが遊びでどこからが真剣なのかわからないような行為がよくあるように，動物においても両者の区別が明確にはできないことが多い．行動学的には，「愉快なこととして経験した一連の行動をさし，まわりの環境や仲間あるいは自身に対して働きかけるもので，社会的な遊びには闘争のようなシリアスな行動の模倣がしばしばみられるが，シリアスな結果は伴わない」もの（Hurnik *et al.* 1995），あるいは「前後の脈絡や一定の連鎖を欠く行動で，本能的な動きも伴わない」ものが「遊び（遊戯行動 play behavior）」と定義されている（Heymer 1977）．

　一般に，遊びの意義としては，身体および脳の発育，環境認知能力や運動能力の発達による適応的行動の柔軟な発達，血縁あるいは社会的関係の認識と絆の維持・強化の促進などが考えられる（Fagen 1981）．したがって，遊ぶということは動物（ヒトも含めて）にとって不可欠なものなので，とくに子ども期には大いに遊ばせるべきであろう．幼齢期における遊びは，結果として学習（第 2 章参照）を促進させることにつながり，まさに「よく学び，よく遊べ」ということである．余談ではあるが，私は，現代の子

どもたちの多くは塾通いに追われ，友だちと遊ぶ機会が少なすぎるように感じる．それにひきかえ，大学生は自主的に勉強することをあまりせずに，まるで子どものころの時間を取り返すかのように遊んでいると感じているが，大学生の読者は自身を振り返ったときに，どう考えるのだろうか．

　子ブタにおける遊びの行動は，2週齢のころにとりわけよく発達し，この時期はまだ哺乳期にあるので，同腹の兄弟間でたがいに頬と頬で押し合い，嚙み，相手の顔や頸，肩などを鼻で押すなどの模擬的な闘争がその大部分を占める (Fraser 1980; Houpt and Wolski 1982)．ヒツジなどに普通にみられる性行動を模倣した遊びは (Tanaka *et al.* 1992)，子ブタではほとんどみられない．3-4週齢の離乳期ごろになると，単独でも仲間とともにでも，飛び跳ねたり急に走り出して追いかけ合ったりというような行動がよく現れる．そのほか，単独での遊びとしては，目新しいものに対して鼻で押して跳ね上げたり，くわえたりする探査的な行動がブタにみられる特徴的なもので，これは成熟後でも認められる．

　ブタにかぎらず健康なものは活発に遊び，病気のときには遊ばなくなるので，幼齢期の遊びは健康状態の指標となりうる．

3.2 仲間との関係──ブタの社会

群れとしてのブタ──その社会構造

　ブタの社会構造については，私たちがすでにまとめたように，基本的には第1章で述べたイノシシの場合とほぼ同様である（佐藤ほか1995）．すなわち，再野生化したブタや群飼放牧されているブタなどでも，母とその子ブタを中心とする母系集団が基本単位で，雄は繁殖期にだけそこに加わる．しかし，通常の産業的なブタ生産の場では，人為的に雌雄や母子を分けるので，こういった社会構造は成立しえない．

　以下に，一般的にみられるブタの社会的な関係と，そこにみられる社会行動を紹介する．

骨肉の争い──乳つき順位

　ブタは一腹から通常は10頭前後が生まれるので，同腹の子ブタのあいだですでに母乳をめぐる争いが起きる．動物の生存競争は一般に過酷なもので，ブタも例にもれず，生まれた時点から兄弟のあいだで競争が始まる．通常は，ブタの乳頭は7対あるが，前方の乳頭のほうが乳の出がよいといわれている（Houpt and Wolski 1982; Kilgour and Dalton 1984 ほか）．したがって，子ブタはなるべく前のほうにつこうとするが，先に生まれた個体が必ずしも早いもの勝ちで前部の乳頭につくとはかぎらず，私たちの観察でも，出生順位とついた乳頭の位置とのあいだには相関は認められていない（谷田ほか1989）．出生順位よりも，むしろ生時体重の大きい個体が前につくことが多く，結果的にその個体はその後も成長が速いので，優位個体となりやすい（McBride *et al.* 1964, 1965）．このような順位を乳つき順位（teat order）といい，早い場合には生後2日以内に決定し（McBride 1963），6日齢で90%以上の個体がいつも同じ1，2個の乳頭から飲むようになるといわれ（Hemsworth *et al.* 1976），なかには3日齢で98%の子ブタの吸乳位置が決定したという報告もある（宮腰ほか1989）．このような習性は，イノシシから受け継がれたもののようである（図3-14）．

　乳つき順位が確立するまでは，前部についていた個体が死んだ場合などには，後部についていた個体がそこへ移動しようとすることがみられる（宮腰ほか1989）．しかし，ひとたび確立された乳つき順位はかなり強固で，中位の個体間でわずかな変動がみられることもあるが，とくに上位と下位のものはほとんど一定の位置を占める．私たちは，乳つき順位確立後の子ブタを母ブタからいったん離して1頭ずつ乳頭探索をさせた場合に，すべての乳頭につくことができるにもかかわらず，各子ブタは自分のついていた乳頭にたどり着くことを確認している（Tanaka *et al.* 2000b）．どの乳頭からも飲めるのであれば，それまで後方についていた下位の子ブタなどは前方のよく出る乳頭につけばよいように思われる．しかし，乳つき順位が確定するまでは，泌乳量が多い前方へ行こうとすることが子ブタにとって有利であるが，確定してしまえば，かりに前が空いていてもあらた

図 3-14 子ブタの乳つき順位
体格の大きい個体が前部につくことが多い.

めてその乳頭を争うことはせずに，決まった乳頭から飲むほうが確実に乳を確保でき，結果として有利なのであろう．

なお，乳つき順位は同腹内で幼齢期だけにみられる社会行動なので，つぎに述べる離乳後の社会的順位とは異なるものである．しかし，泌乳量の多少は離乳期までの増体に影響するので，離乳後の社会的順位は，乳つき順位の影響を間接的に受けることになる．

群れの安定——社会的順位

ブタを群飼すると，闘争にもとづく優劣関係から，各個体間に順位ができる．なかにはたがいの優劣が明確でない同順位のものや，ジャンケンのグー・チョキ・パーのような3すくみの関係などがみられる場合があるが，全体としては直線的な順位形態をとる．たとえば餌を争うような場合，最

上位個体にまず優先権があり，ついで第2位，そのつぎが第3位というふうになる．

新しく群れを編成すると，初対面の個体間に威嚇や攻撃などの敵対行動が起こる．まずはたがいに威嚇し攻撃をしあう闘争が起こるが，しだいに一方の攻撃に対して他方は服従の姿勢をとるようになり，攻撃していた個体がそれを受け入れて攻撃を弱める．このような状況が繰り返されるうちに，群れのなかの優劣関係ができあがる．その後は各個体が自身の地位を学習し，2頭が接近しても，上位個体のにらみつけや鳴き声による威嚇だけで下位個体が回避する，というような儀式化された行動だけですむことが多く，闘争にむだなエネルギーを消費することなく，群れとして安定したものとなる．

各個体は，他個体を姿形や声，匂いなどの感覚情報で識別して順位関係を維持していると考えられている．また，順位が確立したあとはしばらく離していてもその順位は変わらず，最上位のブタでは25日間も群れから隔離したあとでも，群れに戻れば大きな争いもなく最上位に返り咲いたという（Ewbank and Meese 1971）．

しかし，ブタの社会的順位は絶対的なものではなく，ときとして下位のものが上位の個体を攻撃することもある．たとえば，群れの構成が長く変わらない場合にも，順位の近いもののあいだで闘争が起こり，逆転することがあるが，このような行動は上位個体間よりも中位や下位の個体間でしばしば観察される．

一般に，体重のほか，活動性，とくに攻撃性が順位に関係するといわれているが，実験条件によってはそれらと社会的順位とのあいだに必ずしも明確な関係は認められておらず，社会的順位にはさまざまな要因が関係しているようである（佐藤ほか 1995）．

なお，社会的順位は生産性にも影響し，たとえば8週齢時における同腹内での体重の変動の17%，16週齢時においてもその13%が社会的順位に帰するべき要因によるとの報告もあるので，産業的にも重要な意味をもつ（McBride *et al.* 1964, 1965）．

なわばりの維持——社会空間行動

ブタは比較的広い場所で群飼されると，各個体はたがいにつかず離れず，ある程度の距離を保ちながら行動する．このような行動を社会空間行動という．個体どうしが接近しすぎると争いが起こるが，この境界までを半径とする円が各個体のなわばり（個体空間という）ともいうことができる．ここでいうなわばりは，単独行動をとる動物の占有活動域をさす場合と異なり，個体の移動とともになわばりも移動する．また，われわれが，満員電車のなかでは他人がすぐそばにいてもあまり気にならないものが，ガラガラのときにぴったりと密着してこられると不快なのと同様に，ブタどうしに争いが起こる境界までの個体間距離は，飼育密度が低い場合には相対的に長くなり，密度が高い場合には短くなる．さらに，個体空間の面積は，一般に優位な個体のほうが劣位のものよりも広い．

休息時にも各個体がそれぞれほぼ決まったところに位置することが多い．しかし，十分な飼育面積があってもブタどうしが密着していることもしばしばみられる．このような場合は，先に述べたように寒冷時の体温調節のためにたがいにからだを寄せ合っているもので，個体空間の維持よりも体温を維持するほうがブタの生存にとってより重要といえる．

なお，群れの移動時に，先導する個体と追従する個体があり，それらはほぼ特定される傾向があるが，先導個体が必ずしもリーダーというわけではない．また，上位個体に下位個体が追従するとはかぎらず，したがって，先導個体と社会的順位とのあいだには一定の関係は認められていない．

おたがいをよく知る——社会的探査行動

通常の管理下におけるブタは，哺乳期間は母および同腹の子ブタだけの閉鎖的な社会で暮らしているが，離乳後は発育とともに群れの編成が変えられたり，ある期間隔離されたのちに群れに戻されるなど，未知のブタどうしが対面する場面がしばしば起こりうる．このような場合，前述の物に対する探査行動と同様に，相手の匂いを嗅いだり，舐めたり，鼻で触れたりしてたがいを確認し合う．このとき，声を出して鳴き声によるコミュニケーションをとることも多い．

こういった探査だけでおたがいの認識が完了することもあるが，多くの場合はつぎに述べるような敵対行動にいたったのち，それぞれが群れの一員として認識され，安定した関係となる．

争う──敵対行動

　群れという環境においては，動物は他個体との接触や相互干渉が不可避的に起こる．ブタでは，口から泡を吹きながらにらみつけて自身を誇示したり，頭を振って威嚇したり，頭つきや嚙みつきなどで攻撃したりと，状況によってさまざまなパターンがみられる．それに対して相手が反撃に出ると，たがいに攻撃し合う闘争となり，かなわないと悟ったほうが逃避し，その後は劣位個体は優位個体との接触を回避するようになる．闘争ばかりでなく，これら一連の行動を敵対行動というが，このような行動は，群れの編成時にかぎらず，すでに社会的順位が確立され安定した群れにおいても，給餌の際や休息場を争う際などに日常的にみられる．

　群れのなかでは，比較的，体重差の小さい個体どうしに敵対行動が多くみられる．これは，体重差が大きい場合は優劣も明確でむだな闘争は避けようとするが，優劣が明確でないものどうしは相対的優位を確保しようとして，たびたび敵対するものと考えられる．

　新規の群れにおいては，前述のように順位決定のための敵対行動が何時間にもわたって繰り広げられることがあるが，通常は，相手に大きなけがを負わせたりすることはなく，ある時点でたがいの関係を確立させる．しかし，雄どうしにおいては，ときとして相手を死にいたらしめるほどの激しい攻撃が加えられることがある．

　私が経験した事例では，数頭の繁殖用雌ブタの群れに1頭の雄を同居させて交配させていたときに，隣の豚房にいた雄が柵を破って群飼豚房に侵入し，雌と同居していた雄を追いかけ回して，嚙みつきや頭つきを繰り返し，数十分後に管理者が気づいてもとの状態に戻したときには，攻撃された雄は全身に傷を負っていた．それでもその直後は元気であったので，たいしたことはなさそうにみえたが，数日後に死亡したので解剖して調べてみたところ，肋骨が折れており，内臓までが損傷を受けていた．これらの行動は，繁殖豚の群行動を研究するために撮影していたビデオにたまたま

第3章　清潔好きな動物　　93

録画されていたが，襲う前の雄は隣との境界柵の前を左右に動き回り，ハレム状態の行動をみせつけられてイライラしているようなようすもうかがえた．動物の行動を擬人化することには歯止めが必要ではあるが，この場合は襲ったブタの気持ちもわかる気がするのは私だけではあるまい．

争いのあとに──親和行動

ブタは群れのなかでいつも争っているわけではなく，群内の順位が確定して安定したあとは，餌などとくに争うものがない場合には，たがいに親和的な行動を示す．たがいに身体を接触させて寄り添ったり，からだを擦り合わせたり，また，相手を愛撫するように舐めたり軽く噛んだり（俗に"あまがみ"などともいう）といった行動もみられる．しかし，このような相互に身繕いするような行動は，ウシやウマなどと比べると，その頻度はブタでは少ない．

鼻と鼻をつき合わせてあいさつするような行動も，とくに子ブタ期によくみられ，前述の遊戯行動のうちの社会的なものは親和行動ということもできよう（図 3-15）．

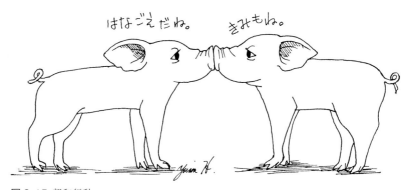

図 3-15 親和行動

3.3 産めよ殖やせよ——ブタの繁殖と子育て

自己の再生産——生殖行動

　生殖行動とは，動物にとって究極の目的ともいえる自己の再生産にかかわる一連の行動をさし，具体的には，雌雄の出会いから受精にいたるまでの性行動と，そこから胚が成長して子畜として産み落とされ，母から独立するまでの母子行動とに大別される．これらの行動様式は，もっとも基本的な本能行動（生得行動）ゆえ，ブタにかぎらず種により特異的かつ定型的であるが，成畜の行動をみたり自身が経験を積むことによって上達がみられるなど，学習効果も認められる．

雌雄の出会いから受精まで——性行動

　性行動は，発情や興奮を誇示する行動から，交尾の相手を求め，その状態を調べる性的探査，そして求愛から交尾にいたるまで，雄と雌のあいだで一連の刺激・反応連鎖が繰り返される．しかし，ヒトの管理下にあるブタでは，発情が明確で交配適期にある雌を狭い豚房に収容し，そこに雄を入れるというような交配方法をとることが多く，このような場合には性的探査や求愛行動は簡略化されて，同居後数分という短時間のうちに交尾にいたる．
　ある程度の広さがある群飼自然交配のような繁殖管理下においては，雌は発情の数日前から雄を求めて歩き回り，発情時には行動がより落ちつかなくなる．そして陰部から粘液を流出させ頻尿になり，発情していることを誇示する．これに対して雄は，雌の尿や糞，あるいは雌の陰部を嗅いだり舐めたりし，それに伴ってリズミカルに尿を散布することも多い．その後，フレーメンのような動作が伴うこともある．フレーメンは，雄が雌の尿や外陰部の匂いを嗅いだあとに，頭を上げ，上唇をめくり上げ，眼をむいてしばらくは陶酔に浸るようにその姿勢を保つ行動で，ウシ，ウマ，ヒツジ，ヤギなど，多くの哺乳類にみられる．この行動は，上唇をめくり上げることで鼻孔を閉じ，口から鼻に抜ける空気や液体の流れをつくり，口のなかのフェロモンを鼻中隔にある鋤鼻器（フェロモンを感知する器官）

に効率よく送るという機能をもつと考えられている（森 1993）．

　ブタはフレーメンは行わないと考えられていたが（Houpt and Wolski 1982; 正木 1992; 佐藤ほか 1995），私たちの観察によると，ブタでも匂いを嗅いだあとに，からだを伸ばして鼻を小刻みに震わせながら前方に突き出し，口元に力を入れて少し開くような動作がみられる．この動作は，イノシシにおいても観察されており（Eguchi *et al.* 1999a），ウシやウマなどにみられるフレーメンのようには明確な表情を示さないものの，この差は鼻から口にかけての形態的特徴の違いによるもので，その機能はフレーメンと同様と考えられる．

　そのほか，鼻と鼻をつき合わせたり，雄が顎を雌の背や肩に乗せたり，雌の肩や脇腹に鼻を押しつけたり，あるいは雌の下腹に鼻先を入れてもち上げたりと，いくつかの定型的な求愛行動を示すが，このときに雄はメイティング・ソング（mating song）といわれる静かで規則的な鳴き声を発し，また口から泡を吹きながら歯ぎしりしたりする．

　このような，さまざまな求愛行動のあとに交尾にいたるが，それまでの一連の行動の流れは図 3-16 のようになる（Signoret *et al.* 1975）．私たちが群飼自然交配の雌雄の性行動を観察し，その行動連鎖を統計的に解析したところ，図 3-17 に示したように，交尾までの求愛行動には，たとえば雄がまず匂いを嗅ぎ，つぎに顎を乗せ，続いて鼻で押し，その後に乗駕する，というような必ずしも決まった順序があるのではなく，雄がさまざまな求愛行動を経て，雌に鼻を押しつける行動（nosing）をとってから交尾にいたることが明らかとなった（Tanida *et al.* 1991a）．すなわち，ひとつひとつの求愛行動は定型化したものではあるが，その発現順序は必ずしもワンパターンではない．なお，イノシシでは，雄が雌の匂いを嗅ぎ，つぎに顎を乗せるとそのまま交尾につながる確率が高く（図 3-18），ブタよりも交尾にいたる雄の行動パターンが固定的で，ブタでは家畜化に伴って性行動パターンにもなんらかの変化が現れた可能性が指摘されている（Eguchi *et al.* 1999a）．

　雄の求愛に対し，発情している雌はそれを受け入れるために，背を少し丸くして不動姿勢をとる．いったんこの姿勢をとると，ヒトが動かそうとしても通常の力ではとうてい動かせないほど強固なものである．それに対

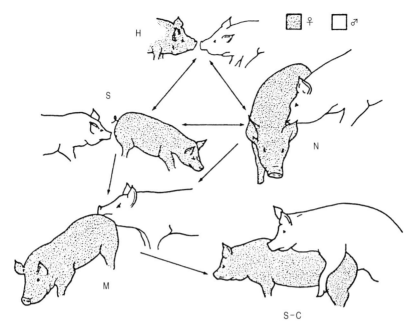

図 3-16 ブタの性行動の流れ図(Signoret et al. 1975)
H：雄と雌が鼻をつき合わせて対面，S：雄が雌の匂いを嗅ぐ，N：雄が雌を鼻で押す，M：雄が雌に乗駕を試みる，S-C：雌が不動姿勢をとり雄が乗駕し交尾にいたる．

して，雄はただちに前肢をもち上げて上体を雌の腰に乗せ，交尾する．

　一般に，動物の交尾時間は，俗に「ウシの一突き」といわれるように短いものが多いが，これは交尾中は外敵に対してもっとも無防備になるため，あまり長くそれに没頭していると敵に襲われかねないので，なるべく手早く射精して目的を達成するほうが適応的であるからと考えられている．

　しかし，ブタの交尾はほかの動物に比べて比較的長く，挿入から射精までの持続時間は 3-5 分，長い場合は 20 分にもおよぶ（Signoret et al. 1975）．第 2 章で述べたとおり射精量も非常に多く，1 回に約 300 ml も射出する．また，雄は雌の 1 発情期に 4-8 回も交尾を行い，古い報告では，1 頭の発情した雌に対して 2 頭の雄を一緒に入れたところ，それぞれの雄は，射精にいたらなかった場合も含めて 0.2-15.4 時間の間隔をおきながら，7 回および 11 回も交尾を試みたという（Burger 1952）．雄ブタのス

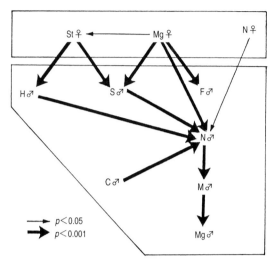

図 3-17 ブタの性行動連鎖の解析（Tanida et al. 1991a）
St：不動姿勢，Mg：移動，N：鼻で押す，H：たがいに鼻をつき合わせて対面，S：匂いを嗅ぐ，F：追跡，C：顎を乗せる，M：乗駕．

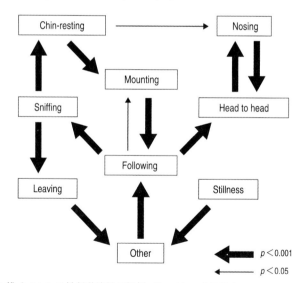

図 3-18 雄イノシシの性行動連鎖の解析（Eguchi et al. 1999a）
Chin-resting：顎を乗せる，Nosing：鼻で押す，Head to head：たがいに鼻をつき合わせて対面，Sniffing：匂いを嗅ぐ，Following：追跡，Leaving：雌から離れる，Stillness：不動姿勢，Mounting：乗駕，Other：その他．

タミナは相当のものである．

さらに，1頭の雌にこれだけ交尾したあとでも，別の発情した雌を新たに導入すると，それに対してもまた交尾を試みるというから，感心させられる．ただし，乗駕は必ずしも交尾までにはいたらず，経験の浅い若い雄では，その成功率は1-33%，平均で10%以下というデータもある（Tanida et al. 1989）．

性行動においても社会的促進が認められ，私たちの調査でも，10頭の雌の群れに1頭，2頭，4頭の雄を入れたところ，雄が1頭の場合よりも2頭あるいは4頭のほうが性行動が活発になり，雄1頭あたりの求愛行動に費やす時間も乗駕の回数も増加した（Tanida et al. 1990）．このような場合，各雌ブタは複数の雄と交尾するものの偏りがみられ，それぞれの雄

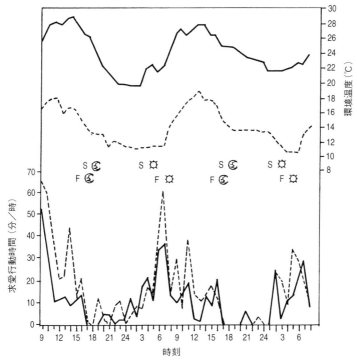

図3-19 ブタの性行動の日周パターン（Tanida et al. 1991b）
実線・S：夏季，破線・F：秋季，各雄ブタ3頭の平均値．

は，特定の1頭から数頭の雌と集中的に交尾する傾向，すなわち選択的に交配するという，相手に対する"好み"ともいうべき現象が認められており（Tanida et al. 1991a），ブタは発情した雌ならなんでもやみくもに交尾するというものではないらしい．

性行動の発現を時刻別にみると，これも私たちの調査例であるが，図3-19に示したとおり，未明から早朝（3-9時ころ）をピークとする日周性が認められ，午後から深夜にかけては，その発現レベルは低くなった．この研究をまず夏季において実施した段階では，暑熱期には雄の交尾欲が減退することから，夏季では1日のなかでも日中に交尾が減るのかと考えた．しかし，秋季にも同様の調査を実施した結果，平均気温は夏季よりも約10℃低かったにもかかわらず，やはり日中は性行動が不活発で，夏季と差がなかった．また，日の出から日の入りまでの時間が夏季よりも約3時間短くても1日の性行動パターンが変わらなかった．これらのことから，雄ブタの性行動の日周性は，光よりも気温，それも絶対的な気温よりもその日内変動によって支配されていると思われる（Tanida et al. 1991b）．

分娩から子の独立まで——母子行動

ブタの発情周期は20-22日であるので，交配した雌が3週間を経過して発情がこなかったら妊娠したと判断できる．ブタの妊娠期間（在胎日数）は平均114日，獣医や畜産の関係者ならだれでも「3月3週3日と覚えなさい」といわれた経験があるだろう．

交配日からその日数が経過すると分娩となるが，母ブタは分娩の3-4週間前ころから，みた目にも腹部が垂れ下がってきて，行動がやや不活発になり始める．乳房が張り陰部がゆるみ始めると数日後に分娩となるが，このあたりの時期は個体差も大きい．分娩前日ともなると乳も出始め，母ブタは落ちつきがなくなり，巣材がなくても口や鼻を使って巣づくりのような行動をよくするようになり，立ったり座ったりと頻繁に姿勢を変える．このような落ちつきのない行動は，分娩経験のあるものよりも初めて分娩を迎える若いブタにおいて，より顕著である．

分娩数時間前には巣づくりがもっとも顕著になるが，半野生状態のような飼い方の場合には，物陰など分娩するのに適切な場所を探して鼻で土を

掘り，わらや草など適当な材料を運び込んで巣づくりを行う．分娩直前の1時間半から10分前くらいには巣づくり行動も行わなくなり，体側部を床につけて横たわる．ブタは夕刻から夜間にかけて分娩することが多く，午前中や午後の早い時間帯の分娩はまれである．これは分娩中に捕食者に襲われる確率を低くするという意味において適応的と考えられ，イノシシにおいても同様の傾向がみられることからも（江口ほか2001），野生時代からもつ特性が家畜化されたあとも残っているのであろう．

破水が起こると，早い場合は1-2分後，通常は20分以内に第1子が娩出される．第2子以降が立て続けに生まれ，10頭前後のすべての分娩がわずか30分程度で終わることもあるが，娩出間隔が数時間も開き，なかには途中で休息する母ブタもいて，すべてを分娩するのに1日近くを要することもある．平均では娩出間隔が約16分，分娩所要時間は3時間半程度である（Signoret *et al.* 1975）．娩出時の母ブタは，通常は横臥姿勢をとるが，まれに伏臥姿勢や立ったままで分娩することもある．落ちつきのない母ブタは分娩中にもからだの向きを変えたり立ち上がったりすることがあり，このときに子ブタを圧死させてしまうことも多く，このような母から生まれた子ブタは災難である．

なお，イノシシでは飼育下にあってもブタ以上に神経質で，私たちは分娩直後にわずかな刺激を契機にすべての子を噛み殺した例を観察した（江口ほか2001）．また，比較的人間に馴れていた個体でも，分娩直後には非常に攻撃的になることも観察されている（Eguchi *et al.* 2000）．

子ブタは生まれるとすぐに，乳房のほうへ向かおうとする．出生直後の子ブタは，図3-20のように，大腿部のほうへ進むものと背のほうへ進むものとに分かれる．前者は，そのまま乳房に向かうものと，大腿部から臀部，陰部とループ状にたどってから再度，大腿部から乳房へ向かうものとに分かれる．背のほうへ進んだ子ブタは母ブタの頭の前を経由して胸から乳房へ向かう．このような行動は，母ブタの皮膚温分布の違いや被毛の密度や性状の部位による違いを頼りに，子ブタは乳房にたどり着くためと考えられている．子ブタは，試行錯誤を繰り返しながらもきちんと乳房に到達するようすがわかる（谷田ほか1989）．

母ブタは，分娩直後はつねに乳が出るが，2-3日もすると，子ブタが乳

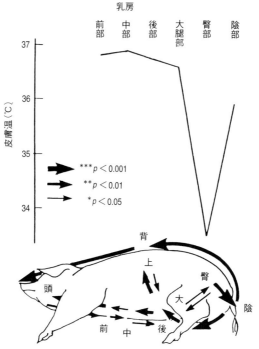

図 3-20 出産直後における子ブタの乳房への移動経路
（谷田ほか 1989）

頭をくわえているときしか乳汁の分泌は起こらなくなる．母ブタは，授乳を始めるときには横臥して頭をややうしろに反らせるようにして，両側の乳頭が現れるようにする．そして子ブタが乳頭につくと，母ブタは"グウグウ"というような特有の低い鳴き声を出す．しかし，哺乳行動は母ブタの合図によって始まるばかりでなく，それに先だって空腹を感じた子ブタが鳴き出したり，母ブタの鼻先に自分の鼻をつけてなにかをねだるようなしぐさをみせることも多い．泌乳は母ブタのこの声が始まってから 30 秒くらいあとに起こるが，泌乳が起こるには子ブタによる乳房への刺激が重要である．

　子ブタの吸乳行動は，まずたがいに争うようにして押し合いながら乳房へたどり着き（争うわりには決まった位置につくのもおもしろいが），乳房を鼻で強く押してマッサージする．そしてくわえた乳頭をゆっくりと吸

い，乳汁の分泌が始まると早くリズミカルに吸いつくが，ほんとうに十分な乳が出ているのはわずか 10-20 秒程度である．分泌が終わっても数秒から数分間はまだ乳頭をくわえ続ける．このようにして，数分間の 1 泌乳期が終了する．哺乳は夜間にも起こり，成長とともに回数は減っていくが，およそ 1 時間に 1 回くらいの割合でみられる．

「母ブタは自分の子ブタをその体臭などにより，ほかの子ブタとはっきり識別して日常動作もきわめて慎重に振る舞い，わが身を削って愛育する姿は人間の母親に勝るとも劣らない風情で敬服に値する」（笹崎 1976）と，子育てに専心する母ブタの記述がみられる一方で，実際には子ブタの損耗の多くが母ブタが無造作に姿勢を変えることに伴う圧死である．踏みつけられた子ブタが悲鳴をあげると母ブタは反応するといわれるが（Hutson et al. 1991），なかにはその声もまったく気にせず殺してしまう母ブタも多い．また，群飼の状態で分娩させると，わが子のなかにほかの子ブタが混じっていても平気で授乳するなど，かなりいい加減な母親ぶりである（Kilgour and Dalton 1984; Tanida et al. 1992）．これは，多胎・多産動物ではしばしばみられることで，少頭数を産んで大事に育てる動物とは戦略的に異なる．たとえば，魚が何千，何万という卵を産んで，そのすべてが育てば海や川は魚であふれてしまうが，そのようにはならずに卵や稚魚のほとんどがほかの魚や動物の餌となってしまう．理論的には，1 組の雌雄から 2 個体が生き残れば生物学的には問題ないことになる．ブタも，多くを産んでそのなかの何割かが間引かれることは，生物学的には当然かもしれない．

3.4 ブタもストレスを感じる──失宜行動

どうすればいいの──葛藤行動

私たちはしばしば，「あれもやりたい，これもやりたい，さてどちらを先に始めようか」「あれをやってみたいが，失敗すれば元も子もない，さてやるべきかどうか」などという状況に直面する．また，「やりたいことが諸般の事情でできない」というようなこともある．前者は葛藤状態，後

者は欲求不満状態ということができるが，動物においても同様な状態がありうる．たとえば，空腹のときに普段とは異なる見慣れない飼槽で給餌されたような場合，「食べたいけれどもだいじょうぶだろうか」となるだろうし，柵の向こうに餌はみえているのに届かない，というような状況もあるだろう．このような葛藤時や欲求不満のときに発現する特有の行動を総称して葛藤行動という．

　葛藤・欲求不満状態におかれたとき，ブタ（にかぎらず多くの動物において）はその場の状況とは関係のない行動，たとえば急に身繕いを始めたりすることがあり，このような行動を転位行動という．また，本来の対象とすべきものや相手とは異なる対象に向けて，代償的に行動を発現させることがあり，たとえば上位の個体から攻撃を受けた場合に反撃ができずに，より下位の個体や物に対して攻撃するというようなことがみられ，これを転嫁行動という．人工哺育された子ブタや離乳直後の子ブタなど，吸乳欲求が十分に満たされないような場合に，他個体の耳や尾などを吸ったり嚙んだりするのも転嫁行動のひとつである．通常の飼育下では，短時間で1日の摂食行動が終わってしまうので，飼料がなくてもあたかも食べているような偽咀嚼を行うことも多く，これを真空行動という．雄ブタは，雌がいない状態において，ペニスを出してくるくる回すような自慰行為を行うことがあるが，これも真空行動ということができ，射精にいたる場合もある．

適応的か非適応的か──異常行動

　不適切な環境で飼い続けられた動物など，長期間にわたって葛藤・欲求不満状態におかれた場合や，成長過程においてなんらかの原因によって正常な行動が発現できなくなった動物には，特有の行動が認められる．その行動が適応という点からみて，様式やその発現頻度，あるいはその強度が正常な範囲を逸脱している場合，これを異常行動という．

　ブタでは，ストール飼育の繁殖豚など，摂食・飲水以外には寝ることしかすることがないような単調な環境において，柵の一部を長時間嚙んだり舐めたりし続けたり，葛藤行動としてあげた偽咀嚼が長時間続いたりと，同じ動作を繰り返し続ける常同行動がみられる．また犬座姿勢は，ブタで

図 3-21 犬座姿勢で柵かじりを長時間続けるブタの常同行動

は正常な休息姿勢の一様式であるが，先に述べたように，単調な環境に長く飼われた場合などにおいては，この姿勢を長時間続けることがあり，図 3-21 の例では，犬座姿勢で柵をかじり続けるという典型的な常同行動を示している．

そのほか，食糞や多飲多食といった摂食・飲水行動の異常や，分娩後の母ブタが子ブタを殺して食べてしまうような生殖行動の異常なども認められる．

いずれにせよ，これらの異常行動や先の葛藤行動などが多くみられるという場合は，ブタのいる環境になんらかの問題がある．いいかえれば，そのような行動を発現せざるをえない原因があるわけで，それを取り除いて適切な環境にしてやることがまず求められる．

第4章 早熟・早肥・多産
家畜としてのブタ

4.1 世界のブタ

世界におけるブタの分布

　FAO の統計によると，世界におけるブタの飼養頭数は近年やや増加傾向にあり，2014 年現在で約 9 億 8567 万頭が飼育されている．同年の地球上の人口が約 72 億人であるから，およそ 7.3 人に 1 頭の割合でブタが飼育されていることになる．FAO の統計資料をもとに作成した地域別およびそれぞれの地域における主要国別の飼養頭数を表 4-1 に示した（FAO 2015）．

　これをみると，世界中のブタの約半数である 4 億 7000 万頭あまりが中国で飼育されていることがわかる．中国は人口においても世界の 5 分の 1 近くを占めるが，ブタの頭数においても圧倒的に多い．世界第 2 位の飼養頭数を誇る米国においてさえ 6700 万頭あまりであることからも，中国のブタの数がいかに多いかがわかるであろう．なお，第 1 章で中国特有の品種をいくつか紹介したが，中国で現在飼育されているブタの多くはヨーロッパ系を中心とした大型の改良種である．

　アジア地域には，中国以外にもベトナムやインド，フィリピン，そして日本など，1000 万頭近くあるいはそれ以上を飼育している国がある一方，中東の国々のように宗教上の理由からブタを食べない，したがってほとんど飼育しない国も多い．しかし，アジア全体の飼養頭数は世界の約 60% を占めている．

　ここで，イスラム教徒やユダヤの人々がブタを拒否する理由にふれておきたい（ダネンベルグ 1995）．現在では，生態学的な理由と社会経済学的な理由の 2 つの原因によると考えられている．前者は，紀元前 1000 年こ

表 4-1 世界におけるブタの飼養頭数（千頭）（FAO 2015）

	1995	2014（年）
世界	901281	985673
アフリカ		
ナイジェリア	7150	7067
マダガスカル	1592	1501
南アフリカ共和国	1628	1562
北・中米		
アメリカ合衆国	59990	67776
メキシコ	15923	16099
カナダ	11673	13055
南米		
ブラジル	36062	37930
アルゼンチン	3100	4692
ベネズエラ	3335	3809
アジア		
中国	424681	474113
ベトナム	16306	26762
インド	14311	10000
日本	10250	9537
ヨーロッパ		
ドイツ	24698	28339
ロシア	24859	19081
スペイン	18162	26568
ポーランド	20418	11724
フランス	14593	13485
オセアニア		
オーストラリア	2653	2308
パプアニューギニア	1030	2000
ニュージーランド	431	287

ろに，中近東では気候変化によって森が草原へと変化し，さらに燃料生産のために木が伐採されたりして，森がしだいに消えていったことに伴い，餌が不足したブタとヒトが食物を奪い合うこととなり，それ以前には肉源として利用していたブタを嫌うようになったというものである．後者は，ブタは定住性の農耕民族にとっては価値の高い動物であったが，イスラム

教徒のような遊牧民にとっては，経済的にも社会的にも家畜としては不向きで邪魔者であった，というものである．これらに，すでにあったブタは不潔だという考えが結びつき，さらにはそれに合った宗教的なベールをまとうことで，かれらにブタに対する軽蔑と忌避の感情をもたらすようになったのであろう．

ヨーロッパには，アジアについで多く，世界の約20%のブタが飼育されている．ヨーロッパを旅行したことのある読者ならよくご存じであろうが，ドイツをはじめどこへ行ってもその土地特有の，そして何十種類ものハムやソーセージにお目にかかることができる．かれらはブタの内臓や脳，血液などすべて捨てることなく利用して，いろいろな加工品を製造する．そして神に感謝しながらそれらを食するという生活を伝統的に受け継いでいる．

ヨーロッパに比べると，アメリカ大陸はカウボーイが活躍する西部劇のイメージから，ブタよりもどちらかというとウシの印象が強いかもしれない．しかし，米国は，第1章で紹介したハンプシャー種やデュロック種などを産み出したように，ブタの飼育は比較的さかんで，上述のとおり現在も6700万頭あまりが飼育されており，わが国へも相当量のブタ肉を輸出している．そのほかに，メキシコに1600万頭，カナダに1300万頭が飼われているが，南米では，3800万頭を擁するブラジル以外では各国とも飼養頭数は比較的少なく，この地域ではウシやヒツジの放牧管理が中心である．ブタは，その食性から，基本的には耕種農業と結びついたかたちで飼育されることが多いので，一般に土地が広くやせていて，穀物をつくるよりは牧草に適した，いわゆる土地の評価額の低い地域では草食動物が飼われるのである．

オセアニアは，一部を除いて全体的には牧草生産に適した地域といえ，したがって草で飼えるウシとヒツジがおもな家畜であり，ブタは比較的少ない．

なお，ランドレース種の原産地であるデンマークおよびドイツ北部を中心とするヨーロッパ，北米の五大湖の南部に広がるコーンベルト地帯，および中国を世界三大養豚地帯という．

日本におけるブタの分布

わが国では，狩猟で得られた獣肉は古くから食卓に上っていたが，ブタ肉や牛肉などのいわゆる家畜の肉が一般に食されるようになったのは，明治以降のことである．明治5（1872）年に明治天皇が歴代の天皇のなかで初めて牛肉を食べたという話が残っているが，「牛・豚肉，乳のための規則」が1876年に制定されているということは，ブタ肉もそのころにようやく食品として認知されたことを意味する．

それ以来，西日本はウシ文化圏，東日本はブタ文化圏といわれるように，その消費構造が地域によって異なっている．たとえば，たんに「肉」といった場合，関西では牛肉を意味し，少なくともほとんどの人々が牛肉をイメージするのに対し，関東ではブタ肉をさすことが多い．代表的な「おふくろの味」といわれる「肉じゃが」の肉も，関西では牛肉，関東ではブタ肉が用いられることが多いし，カレーには牛肉でないとダメと考えるのも関西人の特徴のひとつであろう．ちなみに，大阪出身の私も，肉じゃがは牛肉，カレーはビーフカレーがあたりまえと思っている典型的関西人のひとりである．もっとも，近年の食文化の多様化やヒトの移動の激しさ，あるいは流通の広域化から，このような地域性は薄れてきているともいわれているが，実際はどうなっているのか興味のあるところである．

そこで，全国の各地域におけるブタの飼養頭数を表4-2に示した．最新の畜産統計によると，2017年現在，わが国には，統計上は934万6000頭（飼養戸数4670戸）のブタが飼育されている（農林水産省経済局統計情報部2017）．人口の約14分の1の頭数であるから，人口比でみたブタの頭数は世界の平均の約2分の1ということができる．地域別のブタの飼養頭数をみると，九州は，「鹿児島黒ブタ」とよばれるバークシャー種の飼育に代表されるように，昔からブタの飼育がさかんで現在も全国のブタの30％あまりを占める．しかし，そのほかは，関東，東北，東海，北海道の順に多く，やはり近畿や中国，四国地方では少ない．

では，食肉の消費傾向に，地域差がどれくらいあるのだろうか．1997年における牛肉とブタ肉および鶏肉の消費動向の地域ごとの特徴を家計調査年報から抜粋したものが表4-3である（総務庁統計局1998）．データが

表 4-2 わが国における地域別のブタの飼養戸数・頭数 (農水省経済局統計情報部 2017)

区分	単位	全国	北海道	東北	北陸	関東・東山	東海	近畿	中国	四国	九州	沖縄
飼養戸数												
実数												
平成 28 年	戸	4830	222	609	167	1300	409	79	101	152	1520	271
29	〃	4670	211	569	166	1270	401	74	97	146	1470	268
前年対比												
29/28	%	96.7	95.0	93.4	99.4	97.7	98.0	93.7	96.0	96.1	96.7	98.9
全国割合												
平成 28 年	〃	100.0	4.6	12.6	3.5	26.9	8.5	1.6	2.1	3.1	31.5	5.6
29	〃	100.0	4.5	12.2	3.6	27.2	8.6	1.6	2.1	3.1	31.5	5.7
飼養頭数												
実数												
平成 28 年	千頭	9313.0	608.3	1557.0	247.1	2536.0	650.7	59.8	259.8	299.5	2873.0	221.7
29	〃	9346.0	630.9	1528.0	255.4	2503.0	648.2	55.8	266.4	293.8	2948.0	217.2
前年対比												
29/28	%	100.4	103.7	98.1	103.4	98.7	99.6	93.3	102.5	98.1	102.6	98.0
全国割合												
平成 28 年	〃	100.0	6.5	16.7	2.7	27.2	7.0	0.6	2.8	3.2	30.8	2.4
29	〃	100.0	6.8	16.3	2.7	26.8	6.9	0.6	2.9	3.1	31.5	2.3

表 4-3 わが国における地域別の 1997 年の 1 世帯あたり食肉消費傾向 (総務庁統計局 1998)

	牛肉		豚肉		鶏肉	
	金額 (円)	数量 (g)	金額 (円)	数量 (g)	金額 (円)	数量 (g)
北海道	12112	5773	22910	17846	8869	10785
東北	15780	6300	26694	19695	9174	9751
関東	24809	9008	25745	17623	10862	10761
北陸	25904	9570	21189	14644	8208	8457
東海	26280	9356	23143	16684	11290	12132
近畿	50537	15765	21995	13736	14711	13645
中国	38348	14714	17936	12235	11323	12546
四国	43514	14699	17177	11205	11658	12562
九州	34261	14171	17356	12631	14285	17027
沖縄	16610	12396	23448	21559	8326	11608

少し古いが，その傾向は近年も大きく変わらないものと考えられる．これをみると，「東のブタ」に対して「西のウシ」というのがきわめて明確に現れている．近畿以西の各地域においては，東海から東の地域と比べて，1世帯あたりの牛肉の購入量が約1.5倍も多い．西日本では，ブタ肉を使った郷土料理が豊富な沖縄を除いて，各地とも牛肉の購入量がブタ肉のそれを上回っており，ブロイラー生産がさかんな九州地区以外では，鶏肉と比べても牛肉のほうが多く，やはり「肉といえば牛肉」となっている．これに対し，東日本の各地では，ブタ肉の購入量が牛肉のそれの1.5-3倍もあり，すべての地域において，ブタ肉の購入量が，鶏肉，牛肉を抑えてトップで，「肉といえばブタ肉」である．このように，現在でも肉の消費に関する地域差は，驚くほどはっきりと存在している．なお，私の出身地である近畿地区は，ブタ肉，鶏肉，牛肉の支出金額を購入量で割ってみると，いずれにおいてもどの地域よりも高くなり，地域的に単価が高いのか高級肉を食べる傾向にあるのかはわからないが，興味深い結果である．

4.2 ブタを殖やす

よいブタとは

　家畜としてのブタを考えた場合，安全でおいしい肉を安価に安定的につくりだす，ということがもっとも望まれる．ブタの産肉性および肉質，いわゆる生産性は，ほかの形質と同様に，遺伝と環境の相互の影響を受けるので，望ましい資質（遺伝的能力）をもった個体を適切な施設や飼料で飼育することが重要である．

　そのためには，種豚となるブタの産肉能力および繁殖能力を検定し，優良と判定された個体の有効利用を図り，まずは各品種ごとの能力の向上が求められる．体型においても，発育に応じて各部位の均整がとれたもので，肢蹄がじょうぶで，強健で飼いやすいことが条件となる．また，これらの形質の斉一性が高い，すなわち個体によるばらつきが小さい系統を造成していく必要がある．

　そこで，本節では，雄と雌のそれぞれにおいて望ましい資質とはどのよ

うなもので，それをどのように子に伝えていくか，という点について述べることにする．

よい雄とは

　和牛とよばれるわが国で改良を重ねられた肉牛のなかでも，とくに霜降り肉など高級肉の生産に適した黒毛和種の有名な種雄牛の精液は，驚くような高価格で取引される．かつて，その偽物が出回って新聞沙汰になったことを記憶している読者も多いであろう．このことからもわかるように，家畜の肉質においては，ウシだけでなく一般に母親以上に父親の遺伝的効果が大きい．たとえば，ブタでは産子数や子ブタの生時体重など繁殖にかかわる形質の遺伝率（0から1の範囲で表され，数値が大きいほど遺伝的効果が大きい）が0.1程度であるのに対して，背脂肪の厚さやロースの断面積，赤肉の割合など肉に関する形質の遺伝率は0.4程度と比較的大きく，とくに父親の影響を大きく受ける（三上1996）．したがって，ブタにおいても優秀な種雄豚を確保することがまず重要である．

　優秀な雄ブタとは，その子を肉として利用するという観点からは，より少ない餌で，より速く成長し，モモやロースなど肉として価値の高い部分の比率が大きく，脂肪は適度につくような形質を子どもに伝えうる遺伝的能力を備えたもの，ということができる．それに加えて，強健で性的な活力が旺盛であることも種豚としては大切な要素である．人工授精によって優秀な遺伝子を広く伝えるためには，擬牝台（雌ブタの体型を模してつくられたもので，半円柱型の台にブタの皮を張りつけたものが一般的である．図4-1）などの人工的な刺激に対しても，十分な性衝動を起こして精液を採取させてくれることが望まれる．さらには，精液採取を定期的に実施するためには，あまり気が荒くなく扱いやすいということも必要な条件であろう．

　なお，少し話がそれるが，かつて私たちがブタの交尾時の姿勢をもとに試作した擬牝台を紹介しておきたい（吉本1996; 図4-2）．これは，大型車の古タイヤに麻袋をかけただけの非常に簡単かつ安価なものであるが，その丸みが雌ブタの後軀の丸みに似ているので，雄ブタをその気にさせうるものであった．

第4章　早熟・早肥・多産

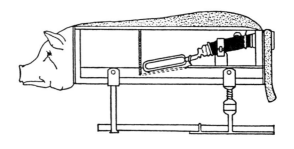

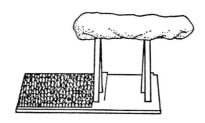

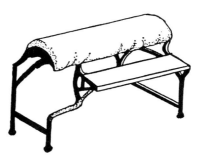

図 4-1 各種の擬牝台 (Signoret *et al.* 1975)

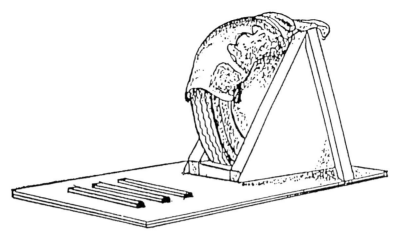

図 4-2 古タイヤを利用した擬牝台（吉本 1996）

遺伝的な産肉性という点においては，種雄豚の産肉能力検定という確立された方法があり，その概要を示すと以下のようである（日本種豚登録協会 1991）．

（1）後代検定

種雄豚の後代（子ども）の発育性および屠体成績を調査することにより，種雄豚のもつ遺伝的能力を判定しようとするもので，選抜の精度が高く改良には適しているが，多くの子ブタ（調査豚）が必要なので施設や労力の面で難があり，また期間も長くかかるので，実際に判定が下されたときには「時すでに遅し」というような場合もありうる．

具体的には，検定豚である1頭の雄を，後述の産子検定に合格したことのある4頭の雌ブタに交配させ，それぞれの雌が産んだ子ブタのうち雄（去勢）雌各2頭ずつ，合計16頭を調査豚とする．これを同腹同性の2頭ずつを1組として，各組ごとに規格サイズの豚房に収容し，規格に合った飼料（検定用飼料）を不断給餌（十分量を給与して飽食させる）する．

各組2頭の平均体重が30 kgを超えた日を検定開始日とし，それぞれの個体が105 kgに到達するまでを検定期間とする．したがって，調査豚を導入後，体重が30 kgに近づいたら毎日体重測定をする必要があるし，

105 kg に近くなってきたときも同様で，手間がかかるうえに，通常は 3 カ月以上の日数を要する．この間における 1 日平均の増体重と飼料要求率（総増体重に対する総飼料摂取量）が重要で，肥育期間中の調査項目として，各調査豚の判定に用いられる．

　105 kg に到達後は 1 週間以内に屠殺解体する．そして，ロース部分の長さとその断面積，背脂肪の厚さ，それにハムの割合を測定し，これらが屠体からの調査項目となる．これらの測定の方法は，つぎのとおりである．

　［ロースの長さ］屠体を左右に分割した枝肉のうち，右半丸を後軀を上にしてつるし，最後腰椎の後端から第一胸椎の前縁までの直線の長さを測る（これを背腰長 II という）．

　［ロースの断面積］左半丸を第四胸椎と第五胸椎のあいだで背線に直角に切断し，その部位の胸最長筋の断面積を測る．

　［背脂肪の厚さ］右半丸を用い，カタのもっとも脂肪層が厚い部位，セのもっとも薄い部位，コシのもっとも厚い部位，の 3 カ所を測定し，その平均値を求める．

　［ハムの割合］左半丸を最後腰椎と仙椎のあいだで背線に直角に切断し，そのモモの部分の重量割合を求める．

　各調査項目ごとに 1-5 点の 5 段階で評価し，さらに測定項目の重要度によって重みづけをして，生体の評価と屠体の評価をそれぞれ 25 点満点として，合計 50 点満点となる．このようにして求めた各調査豚の成績は，調査項目ごとにまずは腹ごとに 4 頭の平均値を求め，さらに項目ごとに 4 腹の平均値を求めて，その合計点すなわち 16 頭の調査豚すべての平均値から，ようや 1 頭の雄ブタの産肉能力を判定する．

（2）直接検定

　これは，種雄豚の候補となる雄の子ブタを飼育して，このブタ自身の発育性およびロースの断面積，背脂肪の厚さを直接調査するものである．ただし，検定豚そのものを屠殺してしまっては種豚として利用できないので，ロースの断面積と背脂肪の厚さは，生きたまま超音波測定器を用いて測定する．

　飼育方法は，豚房に運動場が併設されることと，1 頭ずつ単飼されるこ

とを除いて，後代検定の調査豚に準ずる．この間の1日平均の増体重と飼料要求率を求めることも同様である．

105 kgに到達後，ロースの断面積と背脂肪の厚さを測定するが，一定の期間内（品種ごとに決められている）に体重が105 kgに到達しなかった場合は検定を中止し，その個体は不合格となる．また，これらの項目を測定したあと，体型や肢蹄の状態，生殖器の発育，性欲などについても調査し，種雄豚としての適性が審査される．

以上のすべての項目について審査基準をクリアしたものが，種雄豚として合格となる．この方法は，屠体の形質をみることができない欠点はあるが，雄ブタが性成熟に達した時点ですぐに種豚として供用できるし，施設や労力の面でも少なくてすむ．

(3) 併用検定

これは，種雄豚の候補となる雄の子ブタを直接検定に準じて判定し，同時にその検定豚と同腹のブタ2頭（去勢雄と雌を各1頭）を後代検定に準じて判定し，その両方の成績から，検定豚の種豚としての能力を知ろうというものである．

この方法は，直接検定の利点を生かしながら，かつ検定豚の同腹豚の屠体形質を調査できるので，検定の精度がより高い．

(4) 現場直接検定

これまで述べた3つの検定は，いずれも原則としてある一定の基準を満たした集合検定施設とよばれる検定場において実施される．しかし，検定豚を各地から検定場へ移動させる労力や，疾病感染など衛生面の問題があることも否定できない．

そこで，それぞれの養豚現場において，直接検定に準じた方法で検定を実施することにより，このような問題が解決でき，また，各生産者自身が能力の高い雄ブタを選抜していけるという点において，現場直接検定が認められている．

ただし，各養豚現場においては豚房の大きさや運動場の有無が一定ではなく，また飼料摂取量を正確に測定することは困難なので，検定の精度は

当然低くなる．

よい雌とは

　肉を得るための家畜としてブタをとらえると，よい雌ブタの条件としては，まず繁殖能力が高いことがあげられる．すなわち，交配間隔が短く，受胎率が高く，産子数が多く，かつ正常な子ブタを産み，育成率が高い，ということが求められる．1頭の雌ブタが1年間あるいは生涯にいかに多くの子ブタを仕上げるかが経済的にもっとも重要であり，これらのいずれもが大きな意味をもつ．

　ブタの妊娠期間は，平均で114日であるので，それに約25日の哺乳期間と離乳後に発情が再帰するまでの3-7日を加えても，理論的には年間2.5回の交配が可能である．それに受胎率が100％であれば，年間2.5回の分娩が可能となる．もっとも，現状では平均で約2.3回，2015年に出された10年後の目標値でも2.3回となっているので（農林水産省2015），現実には理屈どおりにはいかないが，少しでも理論値に近づけるような体力と哺育能力を備えた個体が望まれる．

　そして，多産で異常産がなく，子育てじょうずで育成中の事故が少なければ，1頭の母ブタが1年間に25-30頭を育てることができるということになるが，これも現在の平均値が22.8頭，10年後の目標値が25.8頭であり，現実にはまず25頭が仕上がればよしとせざるをえない．

　いずれにせよ，上記のような能力を十分に発揮させるには，遺伝的な資質ばかりでなく，適切な飼養管理が不可欠であることはいうまでもないが，遺伝的な産子能力という点については，産子検定制度がある．その概要は，同一品種の種雄豚によって種付けされ，12または13カ月齢以上（品種により異なる）に達して分娩した種雌豚が哺育する子ブタの頭数，総体重，斉一性を指標として点数化し，基準点以上のものを合格とするものである．

　子育てを考えると，乳器のよしあしは，子ブタの発育に大きな影響をおよぼす．図4-3に示すように，授乳期にはひとつひとつの乳房がよく張っていて，それぞれの区切りがはっきりしており，乳頭は長めで子ブタが吸いつきやすいものが理想である．離乳後は垂れずによく収縮するほうがよい．また，個々の乳房の容積が大きいほうが泌乳量も多くなるので，乳房

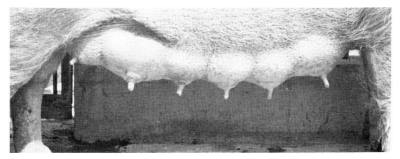

図 4-3 よい雌の乳器（農山漁村文化協会 1972）

の前後および左右の間隔は広いほうが望ましく，とくに後部の乳房は前部よりも泌乳量が少ないといわれているので，後部乳房の間隔はなるべく広いものが種雌豚としてはよい．

　直接的には，繁殖性とはあまりかかわらないようでありながら，非常に大切な要因として肢蹄のよしあしがあげられる．肢蹄が弱いと交配時に耐えられないばかりでなく，歩様や立ち座りが不安定になって子ブタを圧死させることが多くなり，ついには起立不能で廃用にせざるをえなくなることも少なくない．したがって，肢蹄がしっかりしていることもよい雌の条件となる．肢蹄の強さは品種によって差がみられるように遺伝的な要因が大きいが，床構造を工夫したり運動させたりすることによって，正常に保つよう心がけることが，ブタにとってもヒトにとっても福祉的といえよう．

ブタの交配

　雌ブタは，生後 4-5 カ月ころから早くも発情兆候を示す．しかし，このころはまだからだの発育が不十分で，発情の兆候がみられても排卵が伴わなかったり，排卵しても数が少ないので，通常は約 8 カ月齢，体重 120-130 kg を目安に初回の交配を行う．

　イノシシは繁殖季節が限定されるのに対して，ブタは周年繁殖が可能で，およそ 21 日周期で発情を繰り返す．第 2 章で述べたように，発情は，一般に，外陰部が充血して徐々に腫れてくる前期，充血と腫れが明確になり，排尿回数が多く挙動も落ちつきがなくなる中期，そして充血と腫れがひいて通常の状態に戻っていく後期に分けられ，雄の乗駕を許容するのは中期

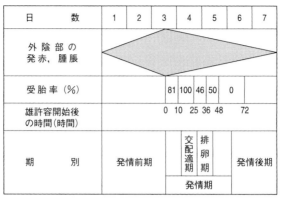

図 4-4 発情と交配適期 (吉本 1996)

の 2-3 日だけである. 発情の兆候がみられ始めてから中期に達するまでにも 2-3 日を要し, 後期は 1-2 日程度なので, 発情の持続期間は 5-7 日である.

発情中期ならいつ交配してもよいのかというと, そういうわけでもなく, そのあいだにも, やはり適期がある. 通常, 排卵は発情中期に入ってから約 30 時間後に起こり, その卵が受精能力をもっているのは 5-6 時間から長いもので 12-24 時間 (ハーフェツ 1973; 瑞穂 1982), 通常は 10 時間程度といわれている (丸山 1996). 一方, 射精された精子が受精の行われる卵管上部に到達するまでに 10-15 分間を要し, 到達後の精子が授精能力をもっているのは 25-30 時間である. これらを総合して考えると, 図 4-4 に示したように, 雌が雄を許容するようになってから 10-25 時間後が交配の適期ということになる. 一般には, 交配適期のあいだの朝夕あるいは夕方と翌朝の 2 回種付けすることで, ほとんど 100% の受精率が得られる. これより早すぎても遅すぎても受精率は低下する.

先に述べたように, 雄ブタは 1 回の射精量が 200-300 ml, 多いものでは 500-600 ml もあり, 精子数は平均で 1 ml 中 2 億程度である. 人工授精には, 1 ml 中 1 億程度に希釈した精液を 50-70 ml 注入する.

ブタにおいては, ほとんどが人工授精によって交配されるウシに比べると, 一般に「本交」とよばれる自然交配による種付けがまだ多く行われている. しかし, 人工授精によれば, 1 回の射精精液で 5-10 頭の雌に交配

できるので，優良な雄の遺伝子が有効に利用できるばかりでなく，種雄豚の飼養頭数を減らすことができるので，経済的にも有利である．

人工授精では，雄ブタを移動させることなく精液だけを運搬できるので，労力の軽減や病気の感染のリスクが少ないなどの利点もあり，さらには国境を越えての流通も可能なので，ブタの改良増殖も飛躍的に効率的になる．

4.3 ブタに喰わせる

なにを喰わせるか

これまでにも何度となくふれたように，ブタは雑食動物であるので，動物性，植物性を問わず広い食性を示す．したがって，それぞれの地域で手に入りやすいものを組み合わせて飼うことができる．

かつては，残飯養豚と称して，学校給食や食堂から出る残飯に麩(ふすま)を混ぜて給与する養豚家も多くみられた．同様に，野菜くずや根菜類の茎葉部などヒトが食べない部分も大いに利用された．また，いまでは産業廃棄物と成り下がってしまった豆腐かす（おから）や，アルコールの製造過程で出るビールかすやウイスキーかす，油脂の製造過程で出る大豆かすや綿実かすなども，飼料として十分に利用できる．かす類は，ブタ以外の家畜，とくにウシにおいていまでも比較的よく利用されている．

これらの飼料は安価ではあるが，とくに残飯などは成分が不均一であったり，水分が多く腐敗しやすく，また重くてかさばるなど取り扱いにくいことから，現在はこれらの利用は少なく，ブタの生産現場ではほとんどの場合，いわゆる配合飼料を用いている．

目的と発育ステージに応じた栄養

ブタにどのような飼料をどれだけ食べさせるのかは，当然のことながら，そのブタを肉用に肥育するのか，あるいは育成して繁殖豚として残すのかなどの飼育目的と，発育ステージによって異なってくる．1日あたりの飼料摂取量は，『日本飼養標準』(2013)によると，哺乳期で体重の8.7-5.5％，子ブタ期（体重30 kgまで）で5.7-5.2％，肥育期で4.7-3.7％（成

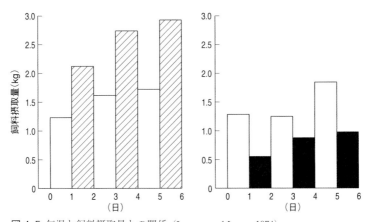

図 4-5 気温と飼料摂取量との関係（Ingram and Legge 1974）
左図：気温 25℃（□）と 10℃（▨）．右図：気温 25℃（□）と 35℃
（■）．両図の実験はそれぞれ個別に実施．

長とともに絶対量は増加するが体重比では低下する），繁殖豚に対しては育成期で 3.1-2.1%，妊娠期には 1.2%，授乳期で 2.8% 程度である．もちろん，飼料成分や環境温度などによって摂取量は大きく変化する．たとえば，環境温度 25℃ に対して，35℃ の場合と 10℃ の場合の飼料摂取量を比較した実験では，図 4-5 のように高温では半減，低温では倍増というほどの極端な差が認められる（Ingram and Legge 1974）．

肉用に育てる場合，ブタの発育ステージは，子ブタ期，肥育期の 2 段階に大きく分けるが，生理的には子ブタ期は初期，すなわち離乳までの哺乳期とその後の子ブタ期に，また，肥育期は肥育前期（育成期）と後期に分けることができる．発育ステージごとの生理的特徴に応じた栄養管理について要点をまとめると，以下のようである．

(1) 子ブタ期

哺乳期を含めた子ブタ期は，体重が約 30 kg までの段階をさす．1.5 kg 前後で生まれた子ブタは 3-4 週間で離乳されるまでに約 7 kg と体重が 5 倍近くになり，その後，10 週齢ころには体重が約 30 kg に達する．このように，この時期には急速に体重が増加し，からだを構成する諸器官が発達し充実する．

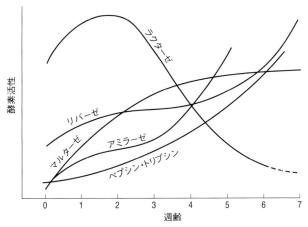

図 4-6 子ブタの成長に伴う消化酵素の活性の変化（吉本 1996）

　生まれたばかりの子ブタには，初乳を飲ませることがもっとも重要なポイントとなる．私たち人間の場合，妊娠末期に胎盤を通じて抗体（γ-グロブリン）が母体から胎児へ移行するが，ブタでは初乳のなかに抗体が含まれるので，これを飲むことが無事に育つためには不可欠である．

　子ブタの消化能力の発達は，図 4-6 に示したとおり，母乳の成分変化に合うように消化酵素の活性が変化していき，母乳がうまく消化吸収されるようになっている．すなわち，出生直後の 2 週間くらいは乳糖を分解するラクターゼの活性が高く，そのほかの消化酵素は出生直後はあまり働かず，成長に伴って活性が高まる．とくに，タンパク質を分解するペプシンは新生子ブタではほとんどなく，トリプシンのはたらきもきわめて弱い．このため，初乳中のタンパク質の一種である免疫抗体の γ-グロブリンは分解されずに吸収されることになり，子ブタにとってたいへん好都合である．

　2 週齢ころになると，各種の消化酵素の活性も高まり，母乳だけでは栄養的に不足してくるので，餌付けを始める．また，このころは，急激な体重増加に伴って，初乳から取り込まれた免疫抗体が減少していき，さらに造血能力も発育に追いつかないので，生理的に貧血となり，下痢などいろいろな疾病にかかりやすい時期である．したがって，ビタミンやミネラルに富む餌付け飼料を給与すると同時に，清潔な土を食べさせたり鉄剤を投

第 4 章　早熟・早肥・多産　　123

与するほか，乳汁中のこれらの成分を高めるよう母豚の栄養にも注意すべきである．

　離乳により，子ブタの環境は大きく変化する．飼料も餌付け時に比べるとやや栄養価の低いものに変えるので，急激な変化を避け，離乳前から徐々に変えていくほうが子ブタにとって望ましい．この時期における1日あたりの飼料摂取量は，『日本飼養標準』(2013)によると，前述のとおり体重の5.7-5.2％程度となっているが，不断給餌にして自由に食べさせても，食べ過ぎて問題が起こるようなことは通常はない．

(2) 肥育前期

　この段階は，体重が60-70 kgくらいまでをいい，基礎的な発育，すなわち骨格や筋肉，内臓が発達する時期である．したがって，良質のタンパク質やミネラル，ビタミンを十分に与えるが，肥らせすぎないように，飼料の質に注意を要する．

(3) 肥育後期

　この時期は，110-120 kgで出荷するまでの仕上げの段階で，肉豚として十分に赤肉を増やし，適度に脂肪を沈着させることが重要である．脂肪は，最近の消費者からはあまり好まれず，おそらく読者の多くも「ダイエットの敵，肥るもと」というようなイメージをもっていると思われるが，じつは肉のうまみは脂肪なしでは考えられないのである．和牛にみられる「霜降り」に代表されるように，ブタでも同様に，筋肉と脂肪が適度に混ざり合うことで，「おいしい肉」になる．

　脂肪は，骨格や筋肉が発達したあと，すなわちこの時期に蓄積される．からだに脂肪がついていく順序は，まず内臓脂肪から皮下脂肪，つぎに筋間脂肪に進み，最後に筋肉内に脂肪が入る．そのため，筋肉内脂肪をつけることは，ある程度はからだ全体に脂肪がついてからでないとできないので，それがつきすぎないように，タンパク質を抑え気味にした飼料を制限して給与する．

　つぎに，将来，繁殖用として残す場合について考えてみよう．

（4）子ブタ期・育成前期

　繁殖用に供するブタといっても，発育の生理は肉用に育てるものとなんら変わりはない．したがって，子ブタ期から育成の前期，体重でいうと60-70 kg くらいまでは肥育豚の飼養法と基本的に同様である．

（5）育成後期

　その後の育成後期には，肥育後期の餌に比べてエネルギー含量をやや抑え，またカルシウムやミネラル，ビタミンに富んだ餌を用い，適度な運動をさせながら脂肪がつき過ぎないようじっくりと育てる．

（6）妊娠期

　妊娠豚に対しても，成分的には粗タンパク質含量がわずかに低いことを除いて，育成後期とほぼ同様のものを体重に応じて給与するだけで，とくにほかと変わった餌を給与する必要はない．

（7）授乳期

　分娩後，子ブタを離乳するまでのあいだは，十分な泌乳と自身の維持のために，育成期や妊娠期に比べてタンパク質，エネルギーともに高い飼料を用いる．

4.4　ブタを食べる

食肉としてのブタ

　ヒトとブタとのつながりを考えた場合，「喰う-喰われる」の関係がもっとも基本であろう．次章で述べるように，移植臓器の提供者や実験動物として，あるいはペットとしてのブタもたしかに重要であるが，それらが占めるウェイトを考えると，やはりヒトの食糧としてのつながりが最優先される．

　食品としてみた場合，ブタ肉にはどのような成分がどのくらい含まれているのだろうか．表4-4に各部位ごとの標準的な成分を示した（日本食肉

表 4-4 ブタ肉の部位別の栄養成分（可食部 100 g あたり）
（日本食肉消費総合センター 1994 より作成）

		カタロース	ロース	ヒレ	バラ	モモ
水分	(g)	62.5	61.1	72.2	52.8	69.1
タンパク質	(g)	16.8	18.4	21.0	14.9	20.0
脂質	(g)	19.8	19.5	5.7	31.5	9.8
灰分	(g)	0.9	0.9	1.1	0.8	1.0
カルシウム	(mg)	6.0	5.0	6.0	5.0	5.0
鉄分	(mg)	1.4	0.9	1.6	1.0	1.1
ビタミン A	(IU)	63	58	17	83	30
ビタミン B_1	(mg)	0.84	0.88	1.29	0.70	1.00
ビタミン B_2	(mg)	0.24	0.15	0.28	0.16	0.21

消費総合センター 1994）．ヒレ肉は，1 頭から得られる量が少なく，肉のきめが細かく柔らかいので，高級肉として知られるが，成分的にもタンパク質含量がもっとも高く，脂肪含量がもっとも低い．赤肉が中心のモモ肉も，ヒレについでタンパク質含量が高く，脂肪含量が低い．逆にバラ肉は三枚肉ともよばれるように，赤肉と脂肪が交互に層をなしているので，タンパク質含量がもっとも低く，脂肪含量がもっとも高くなり，カタとロースはそれらの中間の値となっている．私たちは，このような部位ごとの特徴を生かして，たとえばロース肉はトンカツやポークソテーに，バラ肉は焼き肉や角煮などと，それぞれおいしく食べる工夫をしている．

　ここで，余談ではあるが，トンカツの一般的なイメージについてふれておこう．ロースカツはヒレカツに比べて脂身が多くカロリーが高いと思い込んでいる読者が多いかもしれない．上述のとおり，たしかにロース肉はヒレ肉よりも脂肪分が多い．しかし，トンカツにすると，ロースの場合は肉自身の脂肪が熱で外に出るのに対して，ヒレでは逆に衣が油を吸収しやすいので，カツになると両者のカロリーには大差がなくなるのである．したがって，ほんとうはロースが好きなのにカロリーを気にしてヒレを食べていた，というのなら，このつぎからは大いにロースカツを食べるべきである．

　ブタ肉のタンパク質は，必須アミノ酸を多量にしかもバランスよく含んでおり，体内での吸収効率もよい．この点は，植物性タンパク質の代表格である大豆と比べても遜色なく，むしろより優れているといえる．先に述

べたように，昔からブタ肉を使った郷土料理が豊富で，その消費量が他県に比べて圧倒的に多い沖縄県では，健康で長寿なヒトが多いが，この要因のひとつに，ブタ肉中のタンパク質の作用もあると考えられている．

脂肪がどのくらいの温度で融け出すのかといういわゆる融点は，食肉の舌触り感に大きく関係する．この点に関し，ヒツジの脂肪は家畜のなかでもっとも高く，ウシもそれについで高く，いずれも40-50℃以上であるのに対して，ブタ肉の脂肪の融点はヒトの体温付近にある．したがって，ブタ肉の料理は少々冷めてもなめらかでおいしく食べられるのに対して，牛肉やラム料理は冷めると脂がざらついておいしくないのである．

さらに，ブタ肉の優れた特徴として，ビタミン類が豊富に含まれていることがあげられる．ビタミンB_1やB_2が不足すると，活力が低下して疲れやすくなるなど，ビタミン類はからだの代謝に重要なはたらきをするものである．とくに，ビタミンB_1については，ブタ肉はその宝庫といわれるくらいに多く含まれており，牛肉や鶏肉にくらべて数倍から10倍も多い（中西ほか1974）．ブタ肉は脂肪分が多い，したがって，あまりからだにはよくないというイメージをもつ読者も少なくないかもしれないが，じつはヘルシーで優れた食品なのである．

うまい肉をつくる

うまい肉をつくるためには，まず肥育豚としての素豚(もとぶた)の資質が問題となるが，その点については，先の「ブタを殖やす」の節で述べたような「よい雄」と「よい雌」から生産された子ブタをすべて素豚とする，ということになろう．いいかえれば，繁殖豚から生産された子ブタが，たとえば小さいとか活力がどうとか少々気に入らないからといって，肥育せずに淘汰するなどということは原則的には行わず，せっかく生まれてきたものはその後の栄養や環境を適切に管理して，肉として有効に利用するよう努める．

したがって，うまい肉をつくるということは，いかに肥育するか，ということになる．肉のうまみは赤肉と脂肪が適度な割合であることが重要であるが，とくに脂肪の質が重要である．脂肪は一般に，硬質，軟質および油状の3つに分けられるが，肉の脂肪は硬質を含むほうが好まれる．ブタの体脂肪は軟質になりやすく，飼料の質によって大きく左右されるので，

表 4-5 給与飼料と体脂肪の性質との関係（笹崎 1976）

飼料配合	屠肉歩合(%)	ロイン脂肪 融点℃	ロイン脂肪 沃素価	腎脂肪 融点℃	腎脂肪 沃素価	ロイン脂肪の品質
米糠と緑餌	77.7	30	95	34	95	白く軟く悪い
麩と緑餌	75.1	47	69	47	63	純白で硬い
大豆粕と緑餌	81.9	43	72	48	65	色，硬さ中庸
大麦と緑餌	76.2	46	—	49	—	硬くて良質
玉蜀黍と蛹と糠	71.2	31	—	32	—	臭気はないが風味が乏しい

素豚の資質に合わせて飼料を選ぶことも必要である．古い資料ではあるが，餌と脂肪の品質との関係を示した表を引用しておく（表 4-5; 笹崎 1976）．脂肪が蓄積する肥育後期には，硬く白い良質の脂肪をつくる大麦などを配合することが望ましい．

うまい肉といっても，生肉を調理して用いるいわゆるテーブルミートと，ハムやソーセージなどに加工される肉の適性には自ずと相違はあるが，このあたりの詳細は畜産学あるいは畜産物利用学関係の成書を参照していただくことにしたい．

4.5 ブタの病気

おもな感染症とその予防と対策

動物が罹患するウイルスや細菌，原虫などによる感染症のうち，わが国において家畜伝染病予防法（1951，最終改正 2012）によって家畜伝染病，いわゆる法定伝染病として指定されているものは 28 種類あり，そのなかでブタが対象となるものは 11 種類ある（表 4-6）．これらのなかには狂犬病やアフリカ豚コレラのように，日本国内ではすでに撲滅され，何十年ものあいだまったく発生がみられなかったり，あるいは国内ではこれまでに発生がなく，もっぱら国外からの侵入防止を図る必要のあるものも含まれる．

口蹄疫もそのひとつで，この病気はブタばかりでなくウシやヒツジ，ヤギにも感染するので，1997 年に台湾で大流行したときには，台湾からブタ肉を輸入しているわが国において，一時はパニックに近い状態になった

表4-6 家畜伝染病予防法による家畜伝染病（法定伝染病，2012年改正）

	ウシ	ウマ	メンヨウ	ヤギ	ブタ	家禽*	ミツバチ
牛疫	○		○	○	○		
牛肺疫	○						
口蹄疫	○		○	○	○		
流行性脳炎	○	○	○	○	○		
狂犬病	○	○	○	○	○		
水胞性口炎	○	○					
リフトバレー熱	○		○	○			
炭疽	○	○	○	○	○		
出血性敗血症	○		○	○	○		
ブルセラ病	○		○	○	○		
結核病	○				○		
ヨーネ病	○		○	○			
ピロプラズマ病	○	○					
アナプラズマ病	○						
伝染性海綿状脳症	○		○	○			
鼻疽		○					
馬伝染性貧血		○					
アフリカ馬疫		○					
豚コレラ					○		
アフリカ豚コレラ					○		
豚水胞症					○		
家禽コレラ						○	
高病原性鳥インフルエンザ						○	
低病原性鳥インフルエンザ						○	
ニューカッスル病						○	
家禽サルモネラ感染症						○	
腐蛆病							○

*ニワトリ，アヒル，ウズラ．

ことは記憶に新しい．この台湾での発生は約3カ月でほぼ終息したが，総飼養頭数の約半数にあたる500万頭が殺処分され，養豚業および関連産業に甚大な影響をもたらし，この年の台湾のGDPは0.4%も減少したという（坂本1999）．その後，1999年に再び台湾で，今度はウシに発生がみられ，ついに2000年3月に，わが国においても宮崎県の肉牛に口蹄疫の発生が確認され，畜産関係者ばかりでなく社会的に大きな衝撃を与えた．

口蹄疫は，ウイルスが原因で偶蹄類を中心に発生がみられる急性の伝染性疾病である．かりに感染した家畜の肉や乳を摂取しても人間の健康に影響はないが，一般に伝染力が強く畜産業に与える影響は甚大なもので，関

係者はもっとも警戒する必要のある疾病のひとつである．2000年の口蹄疫の発生はわが国ではじつに92年ぶりのことであり，その侵入経路としては口蹄疫が撲滅されていない国からの輸入粗飼料が疑われた．このときには大流行までにはいたらず，短期間のうちに終息宣言がなされたが，その終息宣言を待っていたかのように，今度は北海道十勝管内で同様の経路によると考えられる肉牛の口蹄疫が確認され，慢性的な粗飼料の自給量不足のために，水際での防疫体制がついあまくなっていたことを露呈した．さいわい，こちらも大きな流行にはいたらず，関係者は胸をなで下ろしたことであろう．しかし，台湾の例のように，口蹄疫はいったん発生すると急速に広まるものと，学生時代に習った覚えがあるのは私だけではないと思う．今回のわが国の場合は，そのようにはならなかったことから，あくまでも推測ではあるが，いずれも粗飼料の輸出国で使用された口蹄疫の生ワクチンが，稲わらなどに付着して輸入されてきたのかもしれない．なお，このワクチンは，たしかに発病を抑えたり病状を緩和するなどの効果はみられるものの，ウイルスの感染自体を防ぐことはできないので，かえって保菌動物をつくることになり，ウイルスがその地域（国）に定着することにつながる．したがって，わが国のようにこれまで長期にわたって発生がなかった清浄国では，今回のように早期発見と発生個体の殺処分の徹底により，流行を最小限にくい止めて，ワクチンを使用せずに終息させることが重要である．韓国においてもわが国と同時期に口蹄疫の発生が続いており，予断を許さない状況に変わりはない．

　なお，その後2010年4月に再び宮崎県で口蹄疫の発生が確認され，甚大な被害が出たことは記憶に新しい．

　法定伝染病のひとつである豚コレラについては，わが国では1969年からワクチン接種の徹底を図ることで発生件数は減少し続け，1992年に1戸で5頭の発生を最後に，その後は発生していない．そこで，ウイルスと共存しながらワクチン接種で対応するというこれまでの防疫体制を転換し，豚コレラウイルスを撲滅して，ワクチンを使わない防疫体制に移行しようとして，1996年に「豚コレラ撲滅体制確立対策事業」が開始され，2000年10月には，全国すべての地域でワクチン接種を中止するという計画が進行中である．これが実現すればワクチネーションに必要な経費が節減さ

れるので，生産コストの低減につながる．また，防疫体制の確立によってほかの疾病の予防にもなり，国際競争力が強化されることになる．すでに，都道府県単位ではワクチン接種を中止したところが出始めており，本計画は順調に進んでいるかのようにみえる（川鍋 1998）．しかし，一方では，かつてオランダでワクチン接種中止後に豚コレラの発生がみられ，大量処分された例もあるように，ワクチン中止に大きな不安を感じる生産者や畜産指導者も多く，この計画に無理があるとして強く反対するものも少なくない（佐藤 1999; 米川 1999 ほか）．*

　法定伝染病に指定されていない感染症のなかでも，防疫上は法定伝染病に準ずる重要なものについては，いわゆる届出伝染病として指定され，診断した獣医師に届け出の義務を課している．これらのなかに，ブタが対象となるものとしては，以前は法定伝染病に指定されていた豚丹毒をはじめ，萎縮性鼻炎，伝染性胃腸炎，豚流行性下痢，豚赤痢，そして近年ではこれに似たオーエスキー病や豚繁殖・呼吸障害症候群などの疾病が含まれている．

　オーエスキー病は，1984 年に届出伝染病に指定はされたが，それ以前に欧米で多発し，わが国でも 1981 年に山形，岩手，茨城で輸入豚において発生が認められて以来，各地に広がり，経営に大きな被害を与えている．オーエスキー病は，豚ヘルペスウイルスによる急性の伝染性疾患で，ワクチンの開発がむずかしく，ほかの病原とも絡み合って重篤な呼吸器病を発症させるので，豚コレラに続いて清浄化すべき疾病として位置づけられている（川鍋 1997; 柏崎 1999）．本病は初発生以後，防疫対策が畜産局長通達として何度か出され，実施されてきたが，1988 年に発生頭数が急増し，1990 年には全国的に蔓延する兆候が現れて（表 4-7），1991 年に防疫対策要領が策定され現在にいたっている（村上 1999）．それにより，発生予防と清浄化を推進した結果，2017 年 5 月現在で，群馬，茨城，千葉，鹿児島の 4 県以外では野外ウイルス感染豚は確認されていない．

　以上のように，ひとくちに感染症といっても，主要なものだけでも多種多様であり，個々の感染性疾病に関して，その病原や診断法，予防法，治療法などの詳細について述べると，それだけで 1 冊の本ができあがる．したがって，それらは『最新家畜衛生ハンドブック』（日本家畜衛生学会

表 4-7 わが国におけるオーエスキー病の発生推移
（村上 1999）

年	発生県	発生戸数	発生頭数
1981	3	5	427
1982	2	8	545
1983	3	14	1215
1984	3	24	941
1985	5	20	549
1986	3	3	175
1987	3	9	241
1988	8	59	9491
1989	6	43	1575
1990	11	35	1511
1991	11	32	639
1992	6	17	354
1993	3	8	51
1994	3	8	91
1995	9	18	545
1996	8	11	181
1997	3	3	14
1998	6	9	520

2015），『豚病学』（柏崎ほか 1999）など家畜衛生や豚病関係の成書を参照していただくこととして，ここでは主要な感染症の予防や発生時の対策などについて，全体的なことだけを述べることとする．

ここであげた感染症は，一度発生すると畜産経営上の被害が甚大であるばかりでなく，先にふれた口蹄疫のように，疾病によっては国際的な問題にも発展し，また，後述のようなヒトにも共通の感染症もあるので，まずは極力予防に努めることが肝要である．そのためには，きちっとした衛生管理プログラムを立て，それに則ったワクチネーションを実施する（柏崎ほか 1999）．ワクチンは適正に使用されればその効果を十分に発揮するが，保存方法や使用法が不適切であれば十分な免疫効果が得られないので，それぞれのワクチンに記された保存法・使用法を遵守することは当然のことである．それとともに，消毒の徹底，衛生害虫の駆除，ヒトや野生動物の侵入防止などに加え，豚舎の温湿度や通気性などの環境にも留意することが必要である．

不幸にして，感染症が発生した場合には，早期に適正な対応策を講じ，

蔓延防止に努める．とくに法定伝染病や届出伝染病の場合には，届け出や移動の制限から患畜の隔離，殺処分，死体処理など，すべてにおいて定められたとおりの事後対策をとらなければならない．

そのほかの疾病とその予防と対策

上記の感染症以外の疾病で，ブタに対してとくに注意が必要なものとしては，回虫や鞭虫，肺虫などによる寄生虫病がある．寄生虫病は，それによってブタが死ぬという損害は少ないものの，多くは慢性化して飼料効率を低下させて生産性を著しく阻害するので，経済的損失という意味では，予防により発生が抑えられている感染症よりもむしろ大きなものとなっている．

回虫は，かつては大きな被害をもたらしたが，子ブタ期に駆虫を励行すれば寄生は防げる．そのほかの寄生虫についても，とくに子ブタに甚大な被害をもたらすものが多いが，各種の効果的な駆虫薬が市販されているので，油断せずに定期的に駆虫すべきである．

そのほか，一般に普通病とよばれる消化器病や，呼吸器病，循環器病，代謝障害，神経系疾患，皮膚病，中毒症，それに繁殖障害など，ブタにかぎらずヒトを含めて動物全般において多岐にわたる疾病が認められる．

消化器病のなかでは，子ブタの下痢は，もっともポピュラーなもののひとつである．生後1週齢ころまでにみられる下痢は，ほとんどが母乳の成分に原因があるもので，母ブタの病気や飼料中の脂肪過多などによる．また，冬季に生まれた場合には，保温不足による下痢もみられる．2-3週齢ころの下痢は，子ブタ自身の虚弱や母乳成分によるもののほか，母乳の飲み過ぎや餌付け飼料の不備，寄生虫によるものなどが考えられる．

胃潰瘍もたいへん多くみられる疾患である．かつては飼料の粒の大きさが胃潰瘍の大きな原因とされ，その改善によって胃潰瘍の発生は激減したといわれるが，現在においても小さな病変も含めると，食肉にするために屠殺されるブタの大半に胃潰瘍が認められるという．ヒトがストレスによって胃潰瘍になりやすいのと同様に，ブタの胃潰瘍もストレスが大きな原因となっている．密飼いや単調な環境など，ブタの社会もストレスが多いようである．

ブタの現代病

最近になって初めて発生が確認された疾病や，何年ものあいだあまり問題になっていなかったもので最近また多発し始めたものなど，ブタの現代病ともいうべき疾病がいくつかみられる．先にあげた胃潰瘍は古くから知られている疾病ではあるが，近年の発生頻度が高く，また，その発生原因がストレスにあるという点においては，ブタの現代病のひとつということができる．オーエスキー病も，1980年代以降に発生が確認され，まだ完全には撲滅しえていないということから，ブタの現代病といえるだろう．

また，最近の特徴として，1990年以降，急速に広がりつつある疾病に，重い呼吸器症状を引き起こす豚繁殖・呼吸障害症候群（PRRS）があり，現在では常在するようになった（川鍋1997; 柏崎1999）．とくにここ数年で，大半の大規模養豚場が陽性になっているといわれている．本病では母豚の繁殖障害もさることながら，子ブタの呼吸器障害やそれに伴う発育不良が大きな問題となっている．1991年に新ウイルス疾病であることが明らかにされ，その後ワクチンも開発されたが，わが国へのワクチン輸入申請の承認が遅れ，制圧にはまだ時間がかかりそうである．

さらには，離乳後，とくに60日齢前後の子ブタで，全身のリンパ系組織のリンパ球が著しく減少あるいは消失するという，離乳後多臓器発育不良症候群（PMWS）と名づけられた疾病が1991年にカナダで初めて報告

表4-8 世界およびわが国における豚サーコウイルス感染症の発生状況（久保1999）

国	発生年	発生県	発生年	農家数	主症状
カナダ	1991	北海道	1999	1	
米国	1996	山形	1998	1	腹式呼吸
フランス	1997	富山	1997	1	元気消失，貧血，発育不良
スペイン	1997	福島	1999	1	
北アイルランド	1998	茨城	1999	3	発育遅延，腹式呼吸
		群馬	1998-99	4	発育遅延，腹式呼吸
		千葉	1996-99	2	発育遅延，腹式呼吸
		愛知	1999	2	発育不良
		三重	1998	2	発育不良
		大阪	1998	1	発育不良，腹式呼吸
		広島	1999	1	発育不良
		宮崎	1999	1	腹式呼吸

された（久保 1999）．その後，ヨーロッパにも飛び火し（表 4-8），わが国では 1996 年に千葉県で最初にみつかって以来，北海道から宮崎まで各地で発生している（表 4-8）．この原因となる豚サーコウイルスそのものは 1974 年に発見されていたが，カナダで発生がみられるまではその病原性は確認されていなかった（柏崎 1999）．サーコウイルスは，ニワトリ，オウム，ハトなどの鳥類で報告されており，ハトが豚舎に出入りして伝播していることが疑われるが，感染経路はまだ明確にはされていない．

離乳直後のブタにおいて，とくに新しい疾病というわけではないが，ここ2年くらいに発生がめだつ疾病として浮腫病があげられる．この疾病は，近年ヒトで多数の感染者が発生し，少なからぬ死者が出て一時はパニックに陥った O-157 と同様に，ベロ毒素を産生する O-138, O-139, O-141 血清型の大腸菌（VTEC）によるもので，死亡率は 80-100% と高い値を示す．本病発生の要因としては，離乳に伴う子ブタのストレスが大きいと考えられている．離乳直後の子ブタは，先にも述べたとおり環境の激変によるストレス状態にあり，腸内細菌叢のバランスもまだ不完全な状態にあるので，このストレスを極力抑えるような管理が重要となる．

近年の問題としては，1998 年の暮れから，マレーシアにおいて日本脳炎の発生報告が相次いだが，疫学的には日本脳炎とは考えにくい状況であったことから，新たな疾病であることが疑われた．その後，感染して死亡した患者の脳からウイルスが分離され，その患者の住んでいた村の名前からニパウイルスと名づけられた．これに感染，発病したヒトのほとんどが養豚関係者あるいはその周囲にいたことから，ブタがヒトへの感染源と考えられている（池本 1999; 難波 1999）．マレーシアではこれまでに 260 人以上の感染と 100 人以上の死亡が報告され，感染源のブタ 100 万頭以上が殺処分されたという．マレーシアからブタを輸入していたシンガポールでもヒトへの感染が報告され，現在は終息宣言されてはいるものの，わが国でも厳重な警戒が必要であろう．

そのほか，感染症ではないが，最近のブタに多発している疾病に，脚弱症がある．この疾病は，わが国だけでなく，養豚のさかんなヨーロッパ各国をはじめ，北米など世界的に多発しており，また年々増加の傾向にある．その多くは，関節軟骨細胞の変性壊死によって軟骨基質の潰瘍や亀裂，剥

離が起こり，軟骨内化骨障害をきたす骨軟骨症という疾病が原因で脚弱症を引き起こしているという（楠原1996）．骨軟骨症を起こす原因としては，現代の集約的な飼育管理法，とくに高栄養で急成長させることにより，骨格の成長が体重の増加に追いつかずに耐えきれなくなることがあげられる．また，狭いところに数多く収容するので，運動不足になり，土のない床で一生涯を送ることも脚にとっては望ましい環境とはいえない．このように，脚弱症は近代養豚の申し子ともいうべき，まさに現代病といえる．とくに繁殖豚にとって脚弱は致命的で，廃用理由の多くを占めており，産業的にも早急に改善すべき問題であろう．

ブタとヒトに共通する疾病

ヒトと動物のあいだで自然に移行する感染症や寄生虫症を人畜共通伝染病あるいはズーノーシス（zoonosis）という．これまでに約250種の疾病が知られているが，このなかでブタとヒトとに共通のもののうち，もっともよく知られているのが日本脳炎と有鉤条虫症であろう．

先にニパウイルス感染症の症状が日本脳炎に類似していたことを述べたが，日本脳炎は，カ（主としてコガタアカイエカ）によってブタとヒトとのあいだでウイルスが媒介される疾病として古くから知られている．畜舎やその付近は水たまりができやすく，カの発生には適した環境となりがちであるが，カの発生を極力抑えることが当然のことながら重要である．

表4-9 ブタとヒトに共通するおもな疾病（稲本1996より作成）

疾病名	病原体	病原体名	感染経路	わが国での発生
日本脳炎	ウイルス	日本脳炎ウイルス	カ	有
炭疽	細菌	炭疽菌	接触・経口（肉）	有
ブルセラ症	細菌	ブルセラ菌	接触・経口（乳）	有
リステリア症	細菌	リステリア菌	不明	有
レプトスピラ症	細菌	レプトスピラ	接触	有
豚丹毒	細菌	豚丹毒菌	接触	有
皮膚糸状菌症	真菌	皮膚糸状菌	接触	有
トキソプラズマ症	原虫	トキソプラズマ原虫	接触・経口（肉）	有
有鉤条虫症	寄生虫	有鉤条虫	経口（肉）	無
肝蛭症寄生虫	寄生虫	肝蛭	経口（肉）	有
旋毛虫症	寄生虫	旋毛虫	経口（肉）	無

有鉤条虫は，全長 1-3 m もある大型の扇形動物で，いわゆるサナダムシの一種であるカギサナダムシのことである．これに感染したブタの生肉を食べるとヒトにも感染し，小腸に寄生して"わるさ"をするので，「ブタの生肉はこわい」というイメージが定着しているが，わが国ではヒトでの発生はまれにみられるものの，中間宿主であるブタでの発生は確認されていない．なお，ウシから感染するさらに大型のサナダムシである無鉤条虫は，ヒトでもウシでも発生がみられている．

　ブタがかかわるおもなズーノーシスについて表 4-9 に示しておこう（稲本 1996）．

* 　2000 年 10 月 1 日付け農林水産省畜産局長通知により，予定どおり同日以降，原則として豚コレラワクチン接種を全国的に中止した．それに伴い，防疫上の混乱を回避するため，同ワクチンをその使用に際して都道府県知事の許可を要する動物用生物学的製剤として指定した．

　なお，本稿脱稿後の 2018 年 9 月に岐阜県で豚コレラの患畜が確認され，その後も中部地方を中心に発生が続いている．

第5章 これからのブタ学
ブタとヒトとの未来

5.1 近代のブタ生産

いかに効率的に飼うか

　私たち人間は，動物性タンパク質を十分かつ容易に手に入れるために，長い年月をかけてイノシシを家畜化し，改良してブタをつくりあげた．したがって，前章でも述べたように，ブタは人間にとって，食糧としてのつながりがもっとも基本であり，また重要である．この観点からは，ブタを飼うということは，食肉生産のための産業であり，生産主体が動物といえども経済行為としての原則で考えられる．

　従来わが国では，畜産業をはじめとして動物にかかわる仕事に携わる人々は，基本的に動物が好きで，一般にカネのことなどあまりいわずに，食べていければよいというような，よい意味でおおらかな人々が多かったように思われる．かつての畜産業においては，ブタ生産農家ばかりでなく，酪農家や肉牛農家，あるいは養鶏家でも，飼料の成分や給与量は経験と勘に頼り，収入と支出もいわゆるドンブリ勘定的なおおざっぱな経営が多かった．たとえば，私たちが農家に調査に行って「飼料の給与量はどのくらいか」と尋ねると，「ふだんはこのバケツに3杯くらいかな」といったようなアバウトな答が返ってくることもめずらしくなかった．家族経営が中心であった時代は，これでもやっていけたのであろう．

　しかし，近年の畜産業は，経営規模が拡大していわゆる企業畜産の形態が中心となり，実際に株式会社や有限会社といった組織にして従業員を雇用している例も少なくない．また，畜産物の輸入の自由化に伴い，国際的な競争にさらされざるをえない状況にもなってきている．このような状況では，従来のような考え方ではとうてい太刀打ちできず，必然的に綿密な

管理が求められる．

　私は経営・経済の専門家ではないので，畜産経済学あるいは畜産経営学の考え方の詳細について正確に述べることは能力を超えることではあるが，ともかくブタの生産においても，投入するコストに対して得られる収益をいかに大きくするか，いいかえればいかに効率よく儲かる経営ができるかが，当然のことながら最優先課題であろう．ここでいうコストとは，いわゆる金銭的な資本投資だけでなく，労働コストも含まれるので，それに対する見返り，すなわち省力化ということも重要なファクターである．

畜産科学の進歩とブタ生産

　家畜となったブタは，より効率的に肉を生産するように日々さらに改良が加え続けられており，ブタ自身の改良ばかりでなく，その飼料をはじめとする環境の改善もなされ続けている．近代の畜産学研究の歴史は，まさにこういった家畜とその環境の改良の歴史ということができよう．

　育種学の進展によって，早熟化や早肥化による成長速度の促進，あるいは大型化や肉質の向上という肉生産に直接かかわることばかりでなく，抗病性や環境適応性などの点においても，ブタ自身が大きく変わったといえる．

　繁殖学的側面においては，人工授精をはじめとする交配技術の発展，および分娩前後の母ブタと子ブタの管理技術の進歩に伴い，受胎率の向上，産子数の増加，子ブタの損耗率の低下，分娩間隔の短期化など，子ブタ生産効率の向上が著しい．

　栄養学の面からは，発育ステージや妊娠ステージ別の栄養要求量が示され，飼料の消化率や嗜好性も考慮して適切な給与をすることにより，ブタがもつ能力を十分に発揮できる．

　また，環境管理も重要で，温湿度や風，放射熱などの熱環境がどのようにブタに作用するのかが明らかにされ，光や騒音，塵埃などの物理的環境についても考慮される．これらの環境は，畜舎構造によって大きく異なるので，建築工学的な研究成果もブタの効率的生産に貢献している．

　さらに，行動学的研究からは，ブタの行動や習性の特徴が明らかにされ，発育ステージや状況に応じた適切な畜舎施設や設備，あるいは管理法など

の進歩も著しい．

衛生面においては，第4章に示したような各種の疾病がブタにとって脅威ではあるが，獣医学の進展に伴い，これらのうち多くは予防や治療が可能となっている．

このように，各分野から効率的なブタの生産技術が検討されてきているが，飼育者がどこまでこれらの情報を取り入れて理解し，応用的に実践するかが本当の意味での効率的生産ということになる．現代のブタ生産においては，1日1頭あたり数gの餌をむだにするだけでも年間にすると大きな損失となる．母ブタが分娩した子ブタの損耗を平均1頭減らせるか否かは，たとえば100頭の母ブタを飼育する経営においては年間200腹以上の分娩があることから考えると，出荷頭数が200頭以上違うことになり，粗収益で数百万円の差ということとなる．

いかに効率的に飼うかということは，ことばでいうことはたやすいが，育種的に優れたブタを適切に繁殖させ，個体ごとに適切な飼料を適量与え，よい環境で，しかも省力的に飼う，ということになろう．

一方で，生産効率をあまりにも追求しすぎると，生産主体が動物であることを，つい忘れがちになることも否定できない．飼育者すなわち経営者にとっては一見計算どおり効率的に生産が進んでいても，はたしてそこに飼われているブタが快適に過ごしているのであろうか，ということも考える必要がある．畜産現場の立場からは，飼育環境が総合的にみて良好であれば生産性は高くなるはずで，逆にいうと十分な生産があがっていれば，その環境はブタにとって適切である，という意見も聞かれる．たしかに，ブタは快適な環境において健康的に飼育されたときには，その能力を存分に発揮して高い生産性をあげるだろう．しかし，畜産でいう生産性とは，個々の動物がもつ能力というよりは，群れとして，あるいは経済的な意味においていう場合が多く，高生産性イコールブタの快適さにはつながらないことも多い．

そこで，行動学あるいはその基礎となる生理学の出番となる．ブタも動物であるから，管理者がよかれと思う環境でもかれらにとって不適切であれば，当然ストレスも感じるであろうし，それによってなんらかの異常が発生し，結果として非効率的な生産体制に陥ってしまうこともある．

これからのブタ生産においては，産業といえども飼育されるブタの福祉（ウェルフェア）を考慮すべきであろう．

5.2 ブタの福祉（ウェルフェア）

ヒトの立場とブタの立場

福祉ということばを聞くと，読者の方々はどのようなことをイメージされるだろうか．一般に，福祉ということばは人間を対象として用いられる用語であり，社会福祉や高齢者福祉，あるいは福祉施設や福祉行政といった熟語として使われることが多い．また，最近では介護福祉士という資格もよく目にするようになってきているので，福祉とは，高齢者や障害者に手をさしのべる，いわば弱者救済というような意味をもつことばとしてとらえられることが多いかもしれない．

しかし，福祉という単語を構成する「福」と「祉」という字はいずれも「しあわせ」を意味する字であり，それを組み合わせた「福祉」ということばも，本来は当然ながら「しあわせ，幸福」という意味をもつ．したがって，福祉的な社会とは，子どもも若者も老人も，男性も女性も，健常者も障害者も，万人が幸せになるような社会ということができる．そういう意味から考えると，たとえば福祉施設という場も，ただ高齢者や障害者の面倒をみていればよいのではなく，そこにいる人々がしあわせに暮らせる場でなければならない．

そこで，ブタの福祉というと，どういう意味になるのであろうか．基本的には，対象が人間であれ動物であれ，福祉イコール幸福ということに変わりはなく，ブタのしあわせを考えるということになる．ヨーロッパにおける現代の動物福祉に関する法律を制定する際に大きな影響を与えた，通称ブランベルレポートとよばれる，1965年にイギリス議会に提出された報告書によると，福祉（welfare）とは肉体的（physical）にも精神的（mental）にも健康な状態（well-being）と定義されている（Brambell 1965）．したがって，ブタの福祉とは，ブタが環境と調和して行動し，生活している状態，すなわち急性的にも慢性的にも虐待のない状態を意味す

る．

　畜産現場におけるブタや，つぎに述べる実験動物としてのブタに対しては，これまで私たちの多くはブタのしあわせなどということは，おそらくほとんど考えてこなかったであろう．ペットとしてのブタでも，まずは人間のしあわせのために飼われてきたのであろう．

　しかし，人類と動物の共存ということを考えた場合，一方的にわれわれ人間の立場だけでものを考えてよいのかという疑問がわいてくる．ブタなどの家畜は，人間が野生の動物をつかまえ，その動物がもっていた特性のうち人類に有用な部分をより発揮させるように人為的に淘汰して，育種改良してつくりあげ，そして囲われた環境のなかに閉じ込めて，利用している動物である．そういう動物だからこそ，われわれが責任をもって，かれらの立場に立って，かれらの福祉をも考えながら利用すべきだと私は考えている．

　では，ブタのしあわせとはいったいどのようなことなのだろうか．また，ブタがしあわせや不しあわせといった感情をもつことができるのだろうか．「しあわせ」ということばはあまりにも擬人的であり，ブタがそれを感じているかといわれると否定的な意見も多いかもしれない．しかし，少なくともブタが苦しみや痛みを感じるであろうことは想像にかたくない．したがって，ブタがしあわせと感じているかどうかは別として，飢えや渇き，痛み，疾病や損傷など，明らかに苦痛を伴う状況におかないことはもちろんのこと，行動的にもなるべく不自由のない，快適な環境を提供してやることが重要であろう．

ブタにとって心地よい環境とは

　ブタにとって，苦痛がなく心地よい状態，あるいは快適に暮らせる環境とは，具体的にはどのようなことが考えられるのだろうか．逆にいうと，苦痛を伴うであろうと考えられる事柄を避けるようにすれば，まずは最小限の福祉レベルは確保されると思われる．したがって，それらを確保したうえで，状況に応じてより快適と考えられるプラスアルファを付加していけばよい．

　それにはまず，不必要な痛みを与えないことがあげられる．ブタは，一

般に生後まもなく，犬歯を切られ，耳に穴を開けて耳標を装着され，尻尾を切られ，雄は去勢されることが多い．産業的には，とくに雄において管理上危険な犬歯を切ることや，個体識別のための耳標装着，肉質改善のための去勢などは許容されるべきことかもしれない．これらの行為も，人間の都合でブタに痛みを与えることなのだから，絶対に許せないという立場をとる人々もいるかとも思われる．しかし，少なくとも私は，産業動物としてブタをとらえる立場からは，これらは許される範囲の処置と考えている．一方，断尾は，尾かじりなどの悪癖を未然に防ぐという一見正当な理由が付されているが，もともと尾かじりという行動は，狭いところに多頭数を入れる密飼いや，栄養的なアンバランス，換気不良，敷料がないなどの単調な環境がおもな原因である（熊谷ほか 1982）．実際，そのような環境下では断尾したブタでも尾かじりが発生する．したがって，尾かじりが起こらないように環境を整えることをまず第一に考えるべきであり，それをせずに対症療法的に実効の低い断尾を行うのはブタの福祉に反する．

　また，収容豚房を移したり，なんらかの処置をする際など，ブタを移動させるときに，鞭でたたいたり，耳や尾をもって強く引っ張るといった管理者の行為が，畜産現場では日常的に見受けられる．なかなかいうことを聞いてくれないブタに対しては，ついついこういった乱暴な扱いをしがちであるが，これもブタの立場から考えると，好ましいとはいえない．

　私たちは，繁殖豚や肥育豚に対して音響刺激と餌を関係づける条件づけ学習を行い，音が聞こえてくるほうにブタが自発的に移動するように訓練を行った．その結果，豚房間の移動や体重測定時の移動に際し，ブタを追い立てることなく短時間で作業を遂行でき，管理者にとってもブタにとっても福祉的な作業環境をつくりだすことができた（金井ほか 2001）．このような研究成果を実際にブタを飼育する現場に応用していくことが必要である．

　動物は，一般に見知らぬ個体どうしで群れにされると闘争を行う．ブタも例外ではなく，新たな群編成をすると，必ず闘争を始める．この行動は，かれらにとっては必要なことで，初対面の相手とは闘争によってたがいの優劣を明確にし，その後のむだな争いを避けて群れとして安定させる機能をもつ．通常は，たがいに生命にかかわるほどの激しいものではないが，

ときとして強いダメージを与える（受ける）場合があり，とくに劣位の個体にとっては相当なストレスとなる，いいかえれば福祉が損なわれることもある．これを避けるためには，いったん群れにしたらなるべくそのメンバーを変えることなく，最後まで（肉豚の場合は出荷まで）同じ群編成で飼育することが望ましい．たとえば，同腹で生まれたものどうしを，離乳後もそのままひとつの群れとして飼育すれば，このような群編成に伴う敵対行動を発現させることなく飼育できる．

なお，授乳期から隣接する分娩房の仕切りを除いて2腹を一緒に哺育することにより，子豚どうしが早期に相互認知ができて，その後の敵対行動が減少することを私たちの研究で明らかにした（Tanaka *et al.* 2013）．

では他個体からの干渉を受けないように，1頭ずつ単飼すれば闘争によるけがの問題は解決できるのだろうか．たしかに，単飼では闘争のしようがなく，けがもないであろうが，別の面での問題が生じる．それは，「社会行動ができない，社会性が発揮できない」ということである．ブタが，闘争など敵対的な行動も含め，本来もっている行動様式を十分に発揮できないのであれば，それはかれらにとって適切な環境とはいえない．そういう意味から，前出のブランベルレポートにおいては，仲間の存在の重要性が指摘されている．

餌と水は，動物が生きていくうえで欠くことができない．新鮮な水と，それぞれのブタの発育ステージに応じた適切な成分の餌を適切な量だけ与えることは当然のこととして，ただそれだけではブタにとって十分とはい

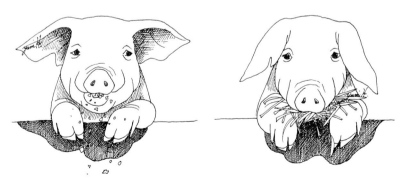

図 5-1　ブタも食事は楽しく！

第 5 章　これからのブタ学　　145

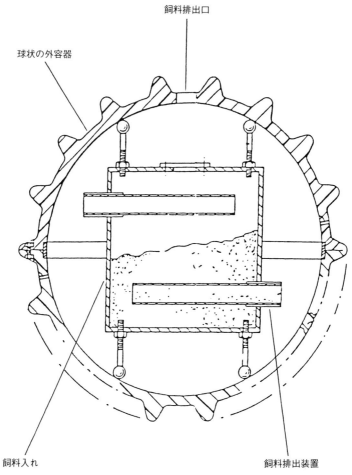

図 5-2 エジンバラ・フードボール（Young et al. 1994）

えない.野生の状態における動物は,1日の大半の時間を餌を探し,食べることに費やす.かれらにとって,餌の確保は最大の問題である.ブタのように家畜化された動物においても,このような行動習性はある程度は残されており,決められた量の餌を決められた時間に給与され,短時間で食べ終えることができるような環境は,栄養的には満たされても,行動的には必ずしも満たされていない(図5-1).その結果,もて余した時間を尾かじりなどの望ましくない行動に向けてしまうことにつながる.

　この問題を解決するひとつの方策として,エジンバラ・フードボールと名づけられた給餌器を紹介したい(Young *et al.* 1994).これは,図5-2に示したような球形の給餌装置で,なかに配合飼料を入れて床におき,転がると少量ずつ飼料がこぼれでるしくみになっている.この装置を豚房に入れると,ブタは鼻でこれをよく転がし,遊びながら摂食行動に長時間を費やすという.

　この例のように,ブタが本来備えている行動様式をなるべく無理なく発揮させてやることが,行動面からみた福祉レベルの向上につながる.最小限の行動の自由として,ブランベルレポートでは,からだの向きを変えること,起立できること,横臥できること,四肢を伸ばすこと,そして身繕いができること,の5つを行動における最小限の"Five freedoms"として示している.当然のことのようにも思われるが,実際,わが国の畜産の現場では,繁殖豚は立ち座りはできても,からだの向きを変えることや十分に身繕いができないようなストール飼育(図3-1参照)をされているのが現状である.なお,近年では,種としての行動を十分に発揮できる自由につぎの4つを加えて「5つの自由(Five freedoms)」として世界的に認められている.すなわち,①飢えと渇きからの自由,②不快からの自由,③痛み・傷害・病気からの自由,④恐怖や抑圧からの自由,と⑤正常行動発現の自由,である.

　ブタの行動の自由を考慮した施設の一例として,英国のエジンバラ大学で開発されたファミリーペン・システムがある(図5-3).これを紹介した文献によると,このシステムは,野生に近い状態で放牧されているブタにみられる行動を調査し,それらが十分に発現できるような環境をめざしたもので,4頭の母ブタとその子ブタをひとつの単位として飼育するもの

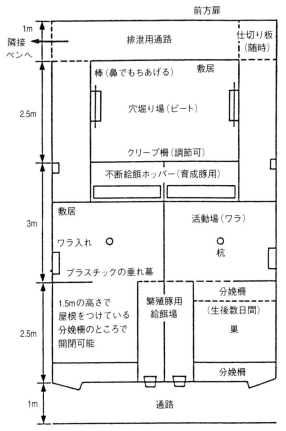

図 5-3 エジンバラ式ファミリーペン・システムの繁殖豚舎
(佐藤 1987)

2つのペンが1組となっており，排泄用通路で2組を連結し，4頭の雌ブタとその子ブタを入れる．

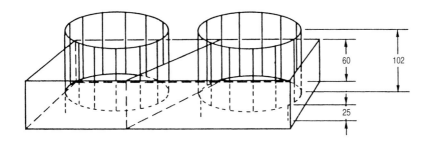

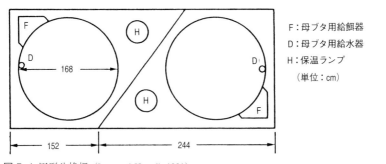

図 5-4 円形分娩柵（Lon and Hurnik 1991）
必要面積を従来型と同様に抑えたなかで，繁殖豚の行動の自由をある程度保証するように工夫されている．

である（佐藤 1987）．この4頭の母ブタはたがいに血縁関係にある親和的なものどうしをグループにすることで，敵対的な行動はほとんどないという．また，床が土の部分では鼻で穴を掘ったり，敷きわらのある部分ではそれで遊んだり，あるいは鼻で棒をもち上げるような場所があったりと，多様な行動が発現し，尾かじりも起こらずに，結果として繁殖成績も向上したとのことである．

　一方，カナダでは，集約的な分娩房と同程度の面積でありながら，ブタの行動を最小限ではあるが保証した円形分娩柵が考案された（Lon and Hurnik 1991）．これは，通常の分娩房2つ分のスペースを，斜めに2つに区切るところがミソで，これによって，従来の2房分の面積で同じく2房が確保でき，各区画に図 5-4 のような円形の分娩柵をおくことができる．通常の分娩柵では，母ブタはストールと同様に，数十cmの幅のなかに閉

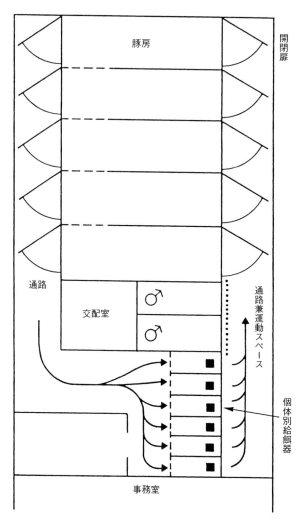

図 5-5 H-M システムの繁殖豚舎
(Morris and Hurnki 1990)
左側の通路を通って各豚房(6頭)ごとに給餌場へ行き,
摂食後は雄豚房の前を通って右側の通路から戻る.

じ込められるのでからだの向きを変えることができないが，円形分娩柵では，体長よりやや長めの直径のなかにいるので，少なくとも行動のFive freedomsは確保できる．

　ストール飼育に代わるものとしては，図5-5のようなものも考案されている．このシステムは，考案者の名前から"Hurnik-Morris housing system"（H-Mシステム）と名づけられたもので，繁殖豚を6頭ずつ群れで飼育することにより，ブタはFive freedomsばかりでなく，社会行動も発現できる（Morris and Hurnik 1990）．6頭ずつの群れの数は豚舎や敷地の条件により変わってくるが，ひとつの豚房ごとにそのゲートが開いて，1群の6頭ずつが，豚舎の一端に設けられた個体別給餌器から同時に飼料を摂取できる．どの個体がどの給餌器に入っても，コンピュータが識別してそれぞれの個体に応じた量を給与するように設定されている．

　一般の群飼管理では，群れの全頭が同時に摂食できるような設備は少なく，とくに劣位のブタは自由に食べることができない場合がある．このH-Mシステムでは，その点においても福祉的に改善されている．食べ終わると，給餌器の前方が開いて前から出るようになっており，自身の豚房に帰る際には雄ブタの前を通ることになる．そこで，発情のきている雌は雄の豚房の前で立ち止まり，雄もその匂いにただならぬ興奮状態に陥る．このようすをみていれば，雌の交配適期の確認もごく簡単であり，発情が確認されたものはすぐに雄と雌を会わせて交配すればよい．このように，このシステムはブタの福祉レベルを向上させるばかりでなく，管理者の作業も省力化できる．

　ブタを輸送する場合においても，なるべく効率的に詰め込んで運びたいとつい考えがちであるが，このような場合でも動物の福祉は考慮されるべきである．わが国では，そのあたりのことはまだあまり意識されていないが，英国やほかのEU諸国では，陸路，海路，空路それぞれにおいて，積み込む密度や輸送時間，途中での休息など，輸送時の扱いについても規制があり，動物の福祉が考慮されている．たとえば家畜の輸送時間についてみると，原則8時間までと定められており，ブタについては空調など特別な設備がある車両などでは，つねに水が飲める条件下で24時間までの輸送が認められる，というものである（RSPCA 1999）．もちろん，このよ

うな考え方は，肉豚を最終的に屠畜場に輸送して屠殺する場合においても同様で，どうせ殺すのだからどのように扱ってもよいというものではなく，最後までかれらの快適さを保ってやる必要がある．

屠殺時も，なるべく恐怖感を与えずに，しかも瞬時に失神させるなどの処置をしたうえで放血することが求められる．殺すことは大前提として認めながらも，殺し方，あるいはそこにいたるプロセスにおいて，精神的にも肉体的にも苦痛を少なくするよう努力すべきであろう．

5.3 実験動物としてのブタ

ヒトに近いブタ

ブタはヒトと同じく雑食性の単胃動物であるので，医学や歯学，あるいは獣医学の分野において実験動物として用いられることが多く，とくに1960年代以降，その使用がめだってきている．このあたりのことについては，少々古くはなるが，『豚病学［第2版］』（熊谷ほか1982）にくわしく書かれており，また，最近では『どうぶつたちのおはなし』（日本実験動物協会1997）のなかで紹介されているので，それらを中心にまとめてみたい．

循環器系についてみると，ブタの冠状動脈の分布がヒトのそれと非常によく似ていることから，心筋梗塞に対する薬剤の効果の検討が行われている．また，心血拍出量のモニターや心不全の研究も多く行われている．さらには，ブタの心臓はヒトのそれと大きさも近いことから，心臓手術の実験動物としても，ブタの有用性は高い評価を得ている．

消化器系についてみると，胃潰瘍の研究が進んでいる．ブタの胃噴門部の潰瘍がヒトの場合と類似の原因で起こることがわかっており，食餌の影響などについて調べられている．また，消化生理や腸内細菌叢がヒトと類似しており，新生児におけるウイルスや大腸菌による腸管感染の疾患モデル動物としても有用である．そのほか，胃液の分泌機構の解明など，生理的な研究においてもブタが活躍している．

栄養学的な研究においては，ヒトの子どもにおける栄養と成長との関係

のモデル動物として，ブタは時間を短縮したかたちで観察できるので，非常に利用価値が高いという．たとえば，子ブタは，離乳直後の数週間を低タンパク質条件で飼育すると，ヒトの小児にみられるタンパク質欠乏症と同様の兆候がみられる．このように，ブタはヒトの子どもの年齢や性別，食餌が，成長期において体組成にどのような影響を与えるかのモデルになりうる．

また，子ブタは未熟な状態で産み落とされ，外気温の影響を受けやすく，さらに体温および代謝との関係がヒトの新生児の場合と共通する．このため，子ブタは新生児の寒冷感作による障害のモデル動物として適している．最近は，不妊治療に伴う多胎や早産など，ヒトの未熟児の適切な取り扱いが重要課題であるが，ブタは生理的にはまだ胎子の状態で生まれるようなものなので，とくに未熟児のモデルとしても重要である．

ブタの皮膚はヒトと共通する点が多く，化粧品や塗り薬に含まれる化学物質が皮膚にどのような影響をおよぼすかなどの研究に多く用いられてきた．とくに，タンパク質組成や量は両者の皮膚で類似しているが，皮膚からの発汗量の違いなど異なる点も少なくないので，すべての点でヒトの皮膚の代替物になるとはいいきれない．

これらのほか，神経系や免疫，骨格，歯，放射線など，あらゆる分野でブタが実験動物として用いられている．

イヌの代替動物

医学や獣医学，生物学の実験や学生実習においては，イヌが実験動物として用いられることが多い．実験用に斉一化され改良されたビーグルをはじめ，一般的な解剖などには捕獲された野犬が大学などの研究機関に払い下げられて用いられてきた．しかしながら，近年は動物愛護あるいは動物福祉といった観点から，本来はコンパニオンアニマルとしてヒトとかかわってきたイヌを実験動物として用いることへの抵抗感が強くなり，ほとんどの自治体が捕獲犬の払い下げを原則的に行わなくなっている．

そこで，ブタがその代わりを務めるようになってきた．ブタは，もともと肉用すなわち屠殺して食べることを前提として改良され飼育されてきたので，実験に用いて傷つけられたり命を絶たれたりすることに対しての抵

表 5-1 家畜ブタとミニブタの繁殖特性の比較
(木村・伊井 1996)

測定項目　　（単位）	ミニブタ	家畜豚
体重　　　　（kg）	20-60 (12 カ月齢)	120 (12 カ月齢)
性周期　　　（日）	20±2.5	20±2.5
発情期間　　（日）	4.5	7
繁殖開始月齢（月齢）	6-8	10
妊娠期間　　（日）	114	114
産子数　　　（頭）	4-10	10-12

抗感がイヌに比べて小さい．また，1年に2回強，頭数にして20頭前後の子ブタを生産することができ，成長も早いので，比較的安価に供給できる．さらには，肉用としてではあるが，品種ごとあるいは系統ごとに斉一化され，同腹から多くの個体が生まれるので，これを用いた実験の精度という点においても優れている．このようにブタは実験動物として多くの有用な資質を備えているのである．

　一方で，このように有用なブタを実験用に改良した品種もいくつか確立されている．いわゆるミニブタ（miniature pigs）とよばれる矮小化されたブタで，その代表的な品種としてドイツで改良されたゲッチンゲン（Göttingen）があげられる．ミニブタは，表5-1に示したように産子数がやや少ないという欠点はあるが，性周期や妊娠期間をはじめ，生理的には普通のブタと同様であり，成熟しても50 kgくらいにしかならない．したがって，実験動物としての取り扱いが容易で，飼料費も少なくてすむという利点があるので，よく用いられている（中村 1999）．

　私たちの大学においても，獣医学の解剖や外科の実習に，近年は大学で生産したブタを用いるようになってきている．これまでイヌを用いていたすべての実験・実習をブタにおきかえることはできないかもしれないが，最近の傾向として，犠牲になるイヌの数をなるべく減らそうというなかにあっては，その代わりになるブタは重要な存在である．

ミニブタの系統

　ミニブタでは系統とよばれるものが，家畜における品種に相当するもの

である．ミニブタの系統について，簡単に紹介する（木村・伊井 1996; 日本養豚学会 1999）．

（1）オーミニ系（Ohmini strain）
　栃木県で近江弘氏によって作出された系統．中国東北地区の在来種（大漢猪，中漢猪，荷包猪）にデュロック種やミネソタ1号（ランドレース種とタムウォース種を基礎に造成された系統．両品種については第1章を参照）をかけ合わせて確立された．1歳齢の体重が35 kg程度と，非常に小型の黒色豚である．毛は長く，耳は大きく垂れている．ミニブタのなかでは繁殖性が優れている．

（2）小耳種（Small-ear pig, Lee Sung）
　台湾・蘭嶼島の在来種維持コロニーで作出された系統．1歳齢の体重は30 kg程度で，黒色，短毛で耳は小さい．

（3）アイヅ系（Aizu strain）
　福島県会津成人病研究所において，台湾・蘭嶼島の在来種（おもに小耳種）を近交化して作出された系統．1歳齢の体重は35 kg程度で，白茶に黒斑があり，短毛で耳は小さい．

（4）ホーメル系（Hormel strain）
　カタリナやグアムなどの野生の在来種をもとに米国でつくりだされた小型のブタで，最初に実験用として開発された．1歳齢の体重は100 kg程度になる．毛色は白黒斑または赤斑．

（5）ゲッチンゲン系（Göttingen miniatur schwein）
　ホーメル系にベトナム在来種やドイツランドレース種をかけ合わせてドイツで開発されたもので，わが国でも改良が加えられている．ミニブタの代表的な系統．1歳齢の体重は35 kg程度で，毛色は白色または白黒斑である．
　わが国では，高血圧や動脈硬化症の疾患モデルブタとして，（財）実験動

物中央研究所などで維持されている.

（6）クラウンミニ，クラウン系（Clown strain）
　オーミニ系とゲッチンゲン系を交配した雑種のミニブタに，家畜種の大ヨークシャー種とランドレース種の一代雑種の雄をかけ合わせて確立された系統．1歳齢の体重は50 kg程度で，白色に黒斑があり，短毛で耳は小さい．
　本系統は，精嚢腺欠除の疾患モデルブタとして，鹿児島大学で維持されている．

（7）ピットマンモーア系（Pitman-Moore strain）
　米国・フロリダ湿地の在来種．1歳齢の体重は70 kg程度で，茶および白色に黒斑がある．
　本系統は，虚血性心疾患のモデルブタとして，新潟大学で維持されている．

（8）ハンフォード系（Han ford strain）
　ピットマンモーア系にいくつかの系統をかけ合わせて開発されたもの．1歳齢の体重は45 kg程度で，白色である．

（9）ユカタン系（Yucatan strain）
　米国・ユカタン半島にいた在来種をもとにコロラド大学で開発された系統．1歳齢の体重は40 kg程度で，皮膚が薄く黒色で，被毛をもたないという特徴がある．
　米国で，自然発症高血糖症候群の疾患モデルブタとして維持されている．

（10）ネブラスカ系（Nebraska strain）
　米国において，ホーメル系，ピットマンモーア系に在来種をかけ合わせて開発された系統．体重は140日齢で28 kg程度である．

(11) コルシカ系(Corsican strain)

　フランス・コルシカ島の在来種．1歳齢の体重は45 kg程度で，黒色，白斑，灰色などの毛色がみられる．

(12) カンガルー系(Kangaroo island strain)

　オーストラリア・カンガルー島の在来種．1歳齢の体重は98 kg程度と比較的大型で，毛色は白黒斑で耳は小さい．

5.4 異種移植ドナーとしてのブタ

異種移植の背景

　臓器の機能低下が著しく，移植以外には助かる見込みがないような患者に対して，それが腎臓や肝臓など，その片方あるいは一部を切除しても，残りの部分の機能によってほぼ正常な生活が可能な臓器の場合には，血縁者などから生体臓器移植を行う治療法がとられる．しかし，親兄弟といえども血液型が異なるなど必ずしも移植に適するとはかぎらず，また，心臓をはじめとして摘出することが不可能な臓器もある．

　近年，臓器は健全なままの状態で死亡した他人からの移植，いわゆる脳死者からの臓器移植が治療法のひとつとして確立されつつあり，わが国でも最近行われるようになった．しかし，移植が必要な患者の数に対して提供できる臓器は絶対的に不足しており，移植治療を受けることができずに命を落とす患者が多いことは周知の事実である．

　こうした現状に対して，臓器提供を意図的に増加させる手段や方策について，多くの国でいくつかの方法が考えられてはいる．わが国の場合は，書面による本人の意思表示と家族の同意の2つの条件がそろわないと臓器提供ができないが，米国やカナダ，英国などではそのいずれかだけで提供が可能である．さらには，オーストリアやフランス，イタリアなどのように，生前に臓器提供を拒否する文書を残さないかぎり，提供に同意しているとみなすという国もある．また，英国では，全国規模でのコンピュータによる臓器提供者の登録制度を1994年から導入している．しかし，いず

れにしても増え続ける臓器の需要に対して，供給が不足していることに変わりはない．

ヒトの臓器をつくる

　提供される（できる）臓器が絶対的に不足している現在，ひとつの解決策として，人工臓器の開発が考えられる．しかし，ヒトの臓器がもつ機能を完全に代行し，かつ大きさも埋め込み位置も本来の臓器と同様にしうるようなものの開発はきわめて困難で，まずは不可能に近い（山内1999）．

　そこで，ヒト以外の動物の臓器をヒトに移植する「異種移植」が注目されてきている．動物の身体の一部をヒトに移植した最初の例は，1682年にさかのぼる．これは，大けがをしたヒトの頭骨の一部をイヌの骨で修理したもので，ロシアで行われた．臓器の異種移植としては，今世紀のはじめに腎臓移植が何例か報告されているが，いずれも数日のうちに患者が死亡しており，成功とはいいがたい結果であった（山内1999）．

　異種移植が本格的に検討され始めたのは，同種移植が医療技術としてほぼ確立され，同時に前述のような臓器不足が顕在化してきた1960年代以降のことで，まず米国で始められた．初期にはヒトに近いヒヒやチンパンジーから，腎臓や肝臓，そして心臓の移植が試みられた．しかし，いずれも短期間の生存にとどまっており，臨床応用に十分なほどの成功率は得られなかった．加えて，高等霊長類を利用することに対する批判や抵抗もあり，また，未知の感染症の危険も指摘されたことから，これらの異種移植は実験的，試行的に行われた程度である．

　その後，1995年に英国において遺伝子導入の技術を用いてブタの心臓をサルに移植し，60日以上生存したという実験結果が報告され，急性の拒絶反応を抑制する技術の進展により，臨床応用への期待がさらに高まってきている．とはいえ，まだ実験の域を出ておらず，実用化するまでにはたくさんの乗り越えなければならないハードルはあろう．

　ヒトへの異種移植のドナーとしては，動物学的に近縁種である霊長類が望ましいことはまちがいないが，現実的にはきわめてむずかしい．すなわち，感情的な面ばかりでなく，繁殖が容易ではなく必要数を供給することは不可能である．そこで，ブタに白羽の矢がたったということである．ブ

タは，前述のように生理的にも臓器のサイズの面でもヒトに近く，家畜や実験動物としての歴史も長いので，ヒトがその命を利用することに対する抵抗が小さく，特有の疾患についての解明も進んでいる．また，特定の病原体に汚染されていない SPF（Specific Pathogen Free）個体の生産も産業的に確立されている．さらには，周年発情し多産で，供給数の確保も比較的容易であるなど，ドナーとしての条件が整っている．

ところで，初期の研究において，移植された異種動物の臓器がうまく生着しなかったのは，細菌やウイルスなどの攻撃から身を護る，いわゆる免疫反応という動物が本来もっている適応的な機能が，移植臓器を異物とみなして排除しようとした結果，臓器の組織が破壊されたことが大きな原因である．このように，異種移植では短時間のうちに急激な拒絶反応が起こる（超急性拒絶反応とよばれる）ので，これをいかに回避するかが大きな課題となる（佐藤 1998; 山内 1999）．

これには，免疫反応を抑える免疫抑制剤の開発が重要である．同時に，移植臓器にヒトの自然抗体（生後，外界のさまざまな抗原にさらされてできる抗体の総称）が結合しないようにする，あるいは補体とよばれる抗体と細菌の反応を補う血清中の物質をなくすか，自然抗体と補体との反応を抑えるなど，超急性拒絶反応を回避する方法の確立が急務である．

そこで，この超急性拒絶反応のメカニズムにかかわる特定の遺伝子を人為的に破壊したブタをつくりだし，その臓器を移植に用いることが考えられる．このように，ある特定の遺伝子を破壊した動物は「ノックアウト動物」とよばれ，マウスではすでに成功しているが，ブタでは残念ながら，現在のところまだこの技術は成功していない．しかし，「ヒツジのドリー」で一躍有名になった体細胞クローンの技術が生まれたことから，ノックアウトブタの作出もまた，そう遠くないと期待されている（佐藤 1998; 山内 1999）．

異種移植には，臓器そのものだけでなく，その組織あるいは細胞をヒトに移植することも含まれる．たとえば糖尿病の治療を目的とした，ブタを用いた膵臓のランゲルハンス島の移植があげられる．また，ブタの肝細胞を容器に入れて血液を通す人工肝臓ともいうべき試みがなされ，移植までのつなぎとしてすでに臨床応用されている．

以上のように，ヒトへの異種移植ドナーとしてのブタに対する期待は大きく，今後ますます需要が増加するものと考えられる．生殖工学や遺伝子工学のめざましい進歩により，近い将来，医療技術のひとつとして確立されることはまちがいないであろう．

しかし，一方では，いずれにせよ新たな感染症が広がる可能性は否定できず，異種移植の臨床応用の凍結を強く訴える意見もあることも付け加えておきたい（Butler 1998; Weiss 1998）．

本書の原稿をひととおり書き上げ，最終確認をしていた2000年8月に，英国のバイオ企業が2000年3月に体細胞クローンブタを誕生させたのに続いて，わが国でも農林水産省畜産試験場（現農業技術研究機構畜産草地研究所）において，世界で2例目の体細胞クローンブタが生まれたというニュースが入ってきた．これで，異種移植動物としてのブタの本格的利用にまた一歩近づいたと考えられる．一方で，これとほとんど同時期に，異種移植に伴う未知のウイルスの感染症が広がる危険性を回避しがたいとして，前述の体細胞クローンヒツジ「ドリー」を誕生させたロスリン研究所のクローン技術の商業的利用権をもつ米国の大手バイオ企業が，移植用臓器開発を中止したことも報じられた．異種移植の需要が増大していくなかで，同時に解決しなければならない課題もまだまだ残っていることをあらためて感じたが，われわれ人類の英知をもってすれば，近い将来に必ず解決できるものと信じたい．

5.5 伴侶動物としてのブタ

ブタのペット化

かつては，ペットといえばイヌかネコ，あるいは小鳥や金魚と相場が決まっていたが，最近では，ハムスターやモルモットなどの齧歯類をはじめ，ヘビやカメなどの爬虫類，カエルやサンショウウオなどの両生類がブームになったり，昆虫が異常な高値で取引されたりと，その種類も多様化している．それらのなかには本来わが国には生息していない「エキゾチックアニマル」とよばれる外国産のさまざまな動物も飼育されるようになってい

る．それに伴って未知の感染症の危険や生態系の変化など，いろいろな問題も指摘されている．

　そんななか，ブタをペットとして飼う人々も現れ始めている．約 20 年前に牧羊豚としてデビュー（？）した「ベイブ」というブタをご存じの読者も多いであろうが，あのようにブタは愛嬌があり，利口な動物である．もちろん映画は虚構の世界ではあるが，第 2 章で述べたように，ブタが優れた学習能力をもつことはまちがいなく，また第 3 章でふれたとおり，本来は清潔好きな動物であるので，ペットとしての資質は備えているといえよう．ただ，現代の大型化したブタでは，体重が 200 kg を超えるほどに成長し，それとともに力も相当に強くなるので，一般の家庭で飼うのは不可能に近い．

　したがって，ブタをペットとする人々は，実験動物としても用いられるミニブタを飼う場合が多い．これだと，せいぜい中型か大型のイヌ程度の体重であるので，無理なく扱える．また，とくに肉質だなんだと問題にするわけではないので，ブタの雑食という特性を生かして，飼料費にあまり金をかけずに飼えるのもペットとして有利な特性であろう．

なぜいまブタなのか

　映画「ベイブ」がヒットして以来，わが国でも一時期はブタがブームといってもよいような扱いを受け，マスコミにもしばしば登場した（たとえば，Bart 1996 年 4 月号 "映画「ベイブ」を超えた賢い動物たち"; AERA 1996 年 5 月 20 日号 "ブタがモテる理由"; TBS テレビ "噂の東京マガジン" 1996 年 6 月 2 日放送など）．若い女性が集まるファンシーショップなどでもブタを描いたグッズが増え，なかなかの人気のようである．

　では，なぜいま，ブタがペットとして，あるいは飼うまではできなくてもブタのぬいぐるみやそのほかのグッズが受けているのだろうか．前出の雑誌 AERA によれば，「人間でも太っているくらいの人のほうが周りをなごませてくれる．今の人たちは，ブタに癒しを感じているのではないでしょうか」と，アニマルセラピーのような効果があると考えられている．このように，動物に接することによるセラピー様効果は，ペット全般にいえることであるが，ブタはとくにそのまるまるとした姿形がユーモラスで，

人々をなごませる要因となっているのであろう．

　わが国ではバブル景気の崩壊以後，暗い話題が多く，人々の心がすさんできているように感じられる事件も増えており，こういった時代に私たちはブタに癒しの効果を求めているのかもしれない．しかし，このあたりのことについては，心理学あるいは社会学的な分析が必要であろう．

補章 最近の動向

補.1 アニマルウェルフェアの考え方の進展とブタの管理

　第5章において，アニマルウェルフェアについて言及したが，家畜に対するこのような考え方はヨーロッパでは早くから議論されていた．たとえば，ブタの管理においては，繁殖用雌豚のストール飼育は，第3章で述べたように，かつては世界中でもっとも一般的な飼い方であり，わが国では現在も多くの養豚場が採用しているが，この方式は行動を著しく制限するとして，EUでは2013年からすでに禁止（分娩後の4週を除く）され，群飼育が推奨されている．また，子ブタの犬歯の切除や断尾，外科的去勢など痛みを与える行為も原則的には実施していない．さらに，体重別に必要床面積を規定し，床の全面スノコを禁止し，また咀嚼欲求を満たすための粗飼料の給与などが求められている．

　一方，わが国においては，本書の初版が刊行された2001年以前，20世紀のころまではアニマルウェルフェアが真剣に取り上げられることはほとんどなく，むしろ，ヨーロッパにおけるアニマルウェルフェア（動物福祉）やアニマルライツ（動物の権利）といった取り組みには，「平気で殺して食べる動物に対して，なぜその扱いを議論しているのか，彼らの精神構造が理解できない」といった，揶揄するような論調の報道がなされていた．

　21世紀に入り，ヨーロッパから起こったアニマルウェルフェアの流れはアメリカにも広がり，いくつかの州では，上述のEUの基準に準じた法規制がなされるなど，徐々に世界共通の考え方となっていった．アニマルウェルフェアの国際的ガイドラインを策定・勧告しているOIE（国際獣疫事務局）においても，家畜の輸送や屠殺時の扱いについての指針に続き，

畜種ごとの飼育ガイドラインを順次策定している．なお，OIE では，アニマルウェルフェアがよい状態のときを「動物がその生活している環境にうまく対応している状態をいう」としていたが，2018 年に，「アニマルウェルフェアとは，動物が生活および死亡する環境と関連する動物の身体的および心理的状態をいう」と変更された．

　そのようななか，わが国においても，アニマルウェルフェアの考え方を対岸の火事，他人事とはいっていられなくなり，ようやく議論が始まった．（公社）畜産技術協会において，2007 年から 4 年計画で畜種ごとに「アニマルウェルフェアの考え方に対応した家畜の飼養管理指針」を策定することとなり，ブタは採卵鶏とともに最初に取り上げられた．この指針の策定には，私も参画していたのだが，そのなかで，アニマルウェルフェアは「快適性に配慮した家畜の飼養管理」と定義され，本書第 2 版の第 5 章で加筆した「5 つの自由」を考慮した飼育を推奨している．しかし，これはあくまでも指針であり，もちろん法的拘束力はない．そこで，アニマルウェルフェアに配慮した飼育を考えるうえで，留意すべき点をチェック項目としてあげた一覧も示して，生産者の自発的な取り組みに期待するものとなっている．

　なお，2018 年に OIE のブタのガイドラインが策定されたので，上記のわが国の飼養管理指針も，その内容に沿うようなかたちで改定され，2019 年 3 月に公表されている．

補.2 ブタの認知能力・情動および学習能力に関する最近の知見

　第 2 章でブタの感覚器官とその能力について記述した．そこで，かれらの色覚や視力といった視覚的な能力や，聴覚や嗅覚の特徴，そしてそれらの相互的なはたらきについて述べた．これらの研究の多くは，オペラント条件づけとよばれるかれらの学習能力を利用して実施されていることにもふれたが，2015 年に，このような研究をまとめた総説が，比較心理学の専門誌に公表された（Marino and Colvin 2015）．

　それによると，ブタは他個体が条件づけ学習をしているところをみるだ

けで同様の学習が成立する，いわゆる模倣学習ができること，そしてその際にみられる学習個体の快や不快といった情動が，模倣学習個体にも伝染することを示す複数の研究例が紹介されている．この総説では，ブタが認知科学的にも行動学的にも，非常に個性豊かな動物であることを示す証拠も紹介されており，ブタの認知や情動，行動は非常に複雑で，一般に頭がよいといわれているチンパンジーやイヌと多くの共通点があると結論づけられている．

補.3 マイクロピッグの登場

　第5章で，実験動物やペットとして飼育されるミニブタを紹介した．そこでは，ミニブタの多くの系統が1歳齢時点で35-50 kg程度と書いたが，ペットとして飼われた場合は可愛いさのあまり（？）餌を与えすぎたりして，飼い方次第では体長は1 m，体重も100 kg近くまで成長するものも少なくなく，より小型のものが求められていた．

　近年，英国において，ミニブタのなかでも小型のものを選抜し，交配を繰り返すことで，より小さなマイクロピッグといわれる，体長が30-40 cm，体重が20-30 kg程度のものが作出され，ペットとして一部で人気が出てきているようである．近年になって，わが国でもこのマイクロピッグの生産農場をつくる動きが始まっている．

あとがき

　私が生まれ育った大阪やその周辺地域では，太っている人間をあざけっていうことばとして，「デブ」よりもむしろ「ブタ」が一般に用いられていたように思う．もっとも，大阪を離れて二十数年を経ているので，現在もそのような使われ方をしているかどうかは定かではないが，少なくともかつてはそうであった．このことばは，さげすむように発せられることが多く，「デブ」に比べてより強い侮蔑のことばという印象があり，その裏には，大食らいで醜く肥満した奴というような意味が込められている．逆にいえば，ブタがそのようなイメージでみられているということができる．
　また，大阪にかぎらず，自分の子どもを卑下して「豚児」という場合がある．食べてばかりで役に立たないというような謙遜のことばで，愚息というのと同様に使われるようである．博打においても「ブタ」は役に立たない手札を意味するし，「ブタに真珠」ということわざも，「ブタ」は価値のわからない者ということになる．このように，「ブタ」を用いたたとえに，あまりよい意味をもつものはない．
　英語でも pig およびその派生語には，薄汚い奴，むっつりや，食いしんぼう，利己的な奴，道楽者，強欲者，頑固者など，人間に対する侮蔑的な意味がある．フランス語の cochon は，この野郎，こん畜生など捨てぜりふとして使われ，同様に，ドイツ語の Schwein も，一方では思いがけない幸運というような意味ももっているとはいうものの，俗に不潔な奴，卑怯者，げすな奴，そしてスケベ野郎など，やはりよい意味には使われない．スペイン語の cerdo もやはり不潔な奴というような意味で使われ，ブタは世界中で卑しめられているようである．
　これは，かつてわが国でも残飯養豚がさかんに行われていたように，ブタは人間の食べ残しはもちろんのこと，木の根や雑草，小動物や昆虫，さらには排泄物までも食べてしまうような旺盛な食欲をもち，そしてまるま

ると太っていることが大きな理由であろう．また，汗腺が発達していないので，暑い時期に体熱放散するためには，泥でも糞尿でもとにかく水分を体中に浴びせて真っ黒になって寝そべっている姿からも，先のようないわれ方をされてきたものと想像できる．加えて，ブタは雌雄ともに生後8カ月ころから季節を問わず交配が可能で，分娩される子どもの数も多いことが性欲の象徴のようにいわれる所以であろう．

　ところで，本文にも書いたように，現在ブタは，わが国で約1000万頭，世界中では9億頭あまりが飼育されている．宗教的な理由からブタを食べない民族もあるが，世界のほとんどすべての地域で飼育され，私たち人類の動物性タンパク質の供給源として非常に重要な役割を果たしている．肉ばかりではなく，脂肪，血液，皮，毛など，ブタから得られるすべての部分を私たちは利用している．このように身近なブタたちは，ほんとうにそれほどまでに卑しめられるべき動物であろうか．たしかにブタは雑食でなんでもよく食べるし，1日の大半を寝て過ごしている．しかし，ウシなどの草食家畜と比べれば，ブタは穀物を食べるなど人間の食糧と競合する部分はあるものの，餌をあまり選ばない雑食性であるからこそ，家畜として有用なのではないだろうか．また，とくに必要なければ，むだなエネルギーを使わずに寝て暮らしてくれるほうが，これもまた家畜として有用であろうし，そのように仕向けてきた（育種改良の面でも飼養管理の面でも）のも私たち人間の仕わざである．汗腺が発達していないのだから，からだをぬらして体熱放散するのは当然のことで，それなりの水浴施設をつくってやれば，かれらだってわざわざ好んで糞まみれになることもなく，きれいな姿で過ごすはずである．さらには，早熟で季節の影響を受けずに妊娠・出産し，そして多産であるというのは，家畜として特筆すべき優れた能力といえる．

　このように，かれらがよいイメージでとらえられないのは，私たち人間の側の認識不足，あるいはそれによる管理のまずさに起因するところが大きいと思われる．したがって，読者には，まずはブタという動物をあらためてよく知ってもらいたいし，またその必要があると考える．

　そこで私としては，本書の目的は，ブタという動物をいろいろな角度から眺めなおし，「へぇ，そうだったのか」などと少しでもブタに対する認

識を新たにしていただくことと考えている．また，そういう視点も考えて書いたつもりである．私自身，ブタ一筋の専門家というわけではないが，これまで家畜行動学の立場から主要な対象動物としてブタをみてきたので，「ブタの動物学」というタイトルでブタのすべてを書くには力不足を承知のうえで，あえて執筆をお引き受けした．不十分な点についてはできるだけほかの成書を示したので，興味ある方はそちらをお読みいただければ幸いである．

最後に，本書に引用したイノシシに関する資料の多くは，農業技術研究機構西日本農業研究センターの江口祐輔博士の協力によるもので，ここにあらためて感謝したい．氏は，本文でも紹介したとおり，私の研究室（麻布大学獣医学部動物行動管理学研究室）に在籍していたときからイノシシの行動に関する研究に取り組み，その経験を生かして，現在は野生イノシシとの共生をめざして研究を続けている新進気鋭の研究者である．その後，母校である麻布大学客員教授としても活躍されている．また，本書のイラストは，同じく私の研究室を卒業された彦坂有美さんの手によるものである．彼女は，大学進学時に，動物の道に進むか絵の道に進むかについて悩みに悩んだというくらい，絵の心得も玄人跣の才女である．彼女の本書への協力に対して甚大なる感謝の意を表したい．

加えて，編者として適切なアドバイスをいただいた東京大学大学院農学生命科学研究科教授・林良博博士，東北大学大学院農学研究科教授・佐藤英明博士の両先生に厚くお礼を申し上げるとともに，遅れがちな原稿を待っていてくださった東京大学出版会編集部の光明義文氏に心から感謝の意を表する次第である．

田中智夫

第 2 版あとがき

　2017年6月に，本書の担当編集者の光明義文氏から，「アニマルサイエンス［全5巻］」の同時改訂による第2版を出版したい，とのメールが届いた．初版刊行から16年が経過し，2019年春には定年を迎える私としては，本書の改訂版はまったく考えていなかったので，メールをみたときには「えっ？　また最新情報を調べなきゃいけないの？　これはたいへん！」というのが偽らざる第一印象であった．そこで編者とほかの4人の著者がどのような返事をされるのか，しばらく様子をみようと，すぐには返信をせずにいた．すると，その3日後には返事の督促メールが届き，私以外の全員が第2版の出版を早々に承諾されたとのことで，みなさんのモチベーションの高さにあらためて驚かされた．ブタだけを改訂しない，というわけにもいかず，結果としてほかにならって改訂することにしたのだが，いざとりかかってみると，当然のことではあるが，この間に多くの情報が過去のものとなっており，統計データの洗いなおしやら，近年の研究成果の確認など，思いのほか，時間を要した．

　とくに，第5章での加筆や，補章でふれたように，ちょうどこの期間にわが国においてアニマルウェルフェアの考え方への取り組みが大きく変わった．補章に書いたとおり，ブタを含めた畜種ごとの飼養管理指針が策定され，家畜にとって望ましい飼い方の普及啓発に取り組まれている．私たちの大学においても，2017年1月に新豚舎が竣工したが，当初の計画段階では繁殖豚はストール飼育のみとなっていた．しかし，飼養管理指針の策定メンバーである私の所属大学で，それはないだろうと強く主張し，飼育可能頭数を少し減らして，ストール後方に群飼できるスペースを設けたフリーストールに変更し，そのかたちで飼育が始まっている．

　ブタは，採卵鶏とともに，その飼育においてアニマルウェルフェアの観点から問題視されることが多い家畜である．近年は，2020年の東京オリ

ンピック・パラリンピックを控え，その食糧調達において，堂々と世界に誇れる飼育法によって得られる畜産物の提供が求められている．

　このような時期に，あらためて本書を読みなおし，必要な改訂を加える機会を与えていただいたことは，非常にありがたいことであったと思う．編者の東京大学名誉教授・林　良博博士，東北大学名誉教授・佐藤英明博士，東京大学名誉教授・眞鍋　昇博士，および東京大学出版会編集部の光明義文氏には，心より御礼申し上げる次第である．

田中智夫

引用文献

阿部光雄．1982．解剖．（熊谷哲夫・波岡茂郎・丹羽太左衛門・笹原二郎，編：豚病学［第2版］）pp. 3-39．近代出版，東京．

相賀徹夫，編．1985．日本大百科全書2．小学館，東京．

荒俣　宏．1988．世界動物大図鑑　第5巻　哺乳類．平凡社，東京．

Bazely, D. R. and C. V. Ensor. 1989. Discrimination learning in sheep with cues varying in brightness and hue. Appl. Anim. Behav. Sci. 23 : 293-299.

Beauchemin, M. L. 1974. The fine structure of the pig's retina. Albrecht v. Graefes Arch. Klin. Exp. Opthal. 190 : 27-45.

Brambell, F. W. R. 1965. Report of the Technical Committee to Enquire into the Welfare of Animals Kept under Intensive Livestock Husbandry Systems : Parliament by the Secretary of State for Scotland and the Minister of Agliculture. Fisheries and Food by Command of Her Majesty, London.

Burger, J. F. 1952. ［Signoret, J. P., B. A. Baldwin, D. Fraser and E. S. E. Hafez. 1975. The behaviour of swine. In : (E. S. E. Hafez ed.) The Behaviour of Domestic Animals. 3rd ed. pp. 295-329. Bailliere, Tindall, London. より引用］．

Butler, D. 1998．Last chance to stop and think on risks of xenotransplants. Nature 391 : 320-325.

コルバート，E. H.・M. モラレス．1994．田隅本生，監訳．脊椎動物の進化［原著第4版］．築地書館，東京．Colbert, E. H. and M. Morales. 1991. Evolution of the Vertebrates. 4th ed. Wiley-Liss, New York.

Cole, D. J. A., J. E. Duckworth and W. Holms. 1967. Factors affecting voluntary feed intake in pigs. 1. The effect of digestible energy content of the diet on the intake of castrated male pigs housed in holding pens and in metabolism crates. Anim. Prod. 9 : 141-148.

Curtis, S. E. 1983. Environmental Management in Animal Agriculture. 1st ed. Iowa State University Press, Iowa.

ダネンベルグ，H.-D．1995．福井康雄，訳．ブタ礼賛．博品社，東京．Dannenberg, H.-D. 1990. Schwein Haben. 1st ed. Gustav Fischer Verlag, Jena.

Ducker, G. 1964. Colour-vision in manmals. J. Bombay Natural Hist. Soc. 61 : 572-586.

Eguchi, Y., H. Tanida, T. Tanaka and T. Yoshimoto. 1997a. Color discrimination in wild boars. J. Ethol. 15 : 1-7.

Eguchi, Y., H. Tanida, T. Tanaka and T. Yoshimoto. 1997b. Dominance order and its formation in captive wild boars, *Sus scrofa leucomystax*. Jpn. J. Livest. Management 33 : 33-38.

Eguchi, Y., T. Tanaka and T. Yoshimoto. 1997c. Mother-infant behavior of wild boars in farrowing pen. Proc. 31st Int. Cong. Int. Soc. Appl. Ethol. (Prague, Czech Republic), 142.

Eguchi, Y., H. Tanida, T. Tanaka and T. Yoshimoto. 1999a. Courtship behavior of wild boars, *Sus scrofa leucomystax*, under captive conditons. Anim. Sci. J. 70 : 129-134.

Eguchi, Y., T. Tanaka and T. Yoshimoto. 1999b. Behavior of Japanese wild boars, *Sus scrofa leucomystax*, during the first week after parturition in farrowing pens. Anim. Sci. J. 70 : 360-366.

江口祐輔・上林孝司・松岡直子・田中智夫・吉本　正．1999．飼育管理下における育成期のイノシシの行動および飼育施設の場所利用．家畜管理会誌 35：7-17．

Eguchi, Y., T. Tanaka and T. Yoshimoto. 2000. Behavioral responses of Japanese wild boars to the person in attendance during the pre- and post-farrowing periods under captive conditions. Anim. Sci. J. 71 : 509-514.

江口祐輔・田中智夫・吉本　正．2001．飼育下におけるニホンイノシシの分娩成績および分娩行動．日畜会報 72：J49-J54．

圓通茂喜．1989．試視力用ランドルト環を用いた牛の図形識別学習．日畜会報 60：542-547．

Entsu, S., H. Dohi and A. Yamada. 1992. Visual acuity of cattle by the method of discrimination learning. Appl. Anim. Behav. Sci. 34 : 1-10.

Ewbank, R. and G. B. Meese. 1971. Aggressive behaviour in groups of domesticated pigs on removal and return of individuals. Anim. Prod. 13 : 685-693.

Fagen, R. 1981. Animal Play Behavior. 1st ed. Oxford University Press, New York.

FAO. 1998. FAO Statistics Series No. 142. FAO Production Yearbook Vol. 51-1997. FAO, Rome.

Fraser, A. F. 1980. Farm Animal Behaviour. 2nd ed. Bailliere, Tindall, London.

ハーフェツ, E. S. E.　1973．西川義正，訳．家畜・家禽繁殖学［増訂改版第2版］．養賢堂，東京．Hafez, E.S.E. 1968. Reproduction in Farm Animals. 2nd ed. Lea & Febiger, Philadelphia.

林　良博．1996．IV．ブタ，4．生体機構．（田先威和夫，監修：新編畜産大事典）pp. 627-937．養賢堂，東京．

林田重幸．1964a．トカラ，奄美両群島における豚．日本在来家畜調査団報告 1：29-30．

林田重幸．1964b．トカラ群島先史時代の様相と出土猪骨について．日本在来家畜調査団報告 1：31-33．

Heffner, R. S. and H. E. Heffner. 1990. Hearing in domestic pigs (*Sus scrofa*) and goats (*Capra hircus*). Hearing Res. 48：231-240.

Hemsworth, P. H., C. G. Winfield and P. D. Mullaney. 1976. A study of the development of the teat order in piglets. Appl. Anim. Ethol. 2：225-233.

Heymer, A. 1977. Ethological Dictionary. 166. Verlag Paul Parey, Berlin and Hamburg.

東　平介．1998．十二支で語る日本の歴史新考．明石書店，東京．

Houpt, H. A. and T. R. Wolski. 1982. Domestic Animal Behavior for Veterinarians and Animal Scientists. 1st ed. Iowa State University Press, Iowa.

Hurnik, J. F., A. B. Webster and P. B. Siegel. 1995. Dictionary of Farm Animal Behavior. 2nd ed. Iowa State University Press, Iowa.

Hutson, G. D., J. L. Wilkinson and B. G. Luxford. 1991. The response of lactating sows to tactile, visual and auditory stimuli associated with a model piglet. Appl. Anim. Behav. Sci. 32：129-137.

池田光男．1988．眼はなにを見ているか［初版］．平凡社，東京．

池本卯典．1999．新興感染症・ニパウイルス．PRP VET 144：66-67．

今泉吉典．1998．哺乳動物進化論――哺乳類の種と種分化．ニュートンプレス，東京．

稲本民夫．1996．畜産環境の衛生．（田先威和夫，監修：新編畜産大事典）pp. 388-392．養賢堂，東京．

Ingram, D. L. and K. F. Legge. 1974. Effects of environmental temperature on food intake in growing pigs. Comp. Biochem. Physiol. 48：573-581.

石川順一，編．1989．QA 臨時増刊号　動物大疑問．平凡社，東京．

Jacobs, G. H. 1981. Comparative Color Vision. Academic Press, New York.

Jacobs, G. H. 1993. The distribution and nature of colour vision among the mammals. Biol. Rev. 68：413-471.

Jensen, P. and B. Algers. 1983/84. An ethogram of piglet vocalizations during suckling. Appl. Anim. Ethol. 11：237-248.

Jeppesen, L. E. 1982. Teat-order in groups of piglets reared on an artificial sow. II. Maintenance of teat-order with some evidence for the use of odour cues. Appl. Anim. Ethol. 8：347-355.

金井良博・植竹勝治・田中智夫．2001．豚における音楽を用いた誘導作業の省

力化の試み.家畜管理会誌 37:1-10.
柏崎　守.1999.最近注目の豚の疾病——総論.臨床獣医 17:16-18.
柏崎　守・久保正法・小久江栄一・清水実嗣・出口栄三郎・古谷　修・山本孝史,編.1999.豚病学——生理・疾病・飼養［第4版］.近代出版,東京.
加藤嘉太郎.1974a.家畜比較解剖図説（上巻）［増訂改版第8版］.養賢堂,東京.
加藤嘉太郎.1974b.家畜比較解剖図説（下巻）［増訂改版第6版］.養賢堂,東京.
川鍋克仁.1997.豚の疾病を考える.畜産の研究 51:1149-1150.
川鍋克仁.1998.生産者のための豚コレラ撲滅を.畜産の研究 52:435-435.
Kilgour, R. and C. Dalton. 1984. Livestock Behaviour. 1st ed. Granada, London.
木村　準・伊井太行.1996.ミニブタ.（田先威和夫,監修：新編畜産大事典）pp. 1428-1435.養賢堂,東京.
Klopfer, F. D. 1965. Visual learning in swine. In :（L. K. Bustad, R. O. McClellan and M. P. Burns eds.）Swine in Biomedical Research. pp. 561-565. Battelle Pacific Northwest Laboratories Division Richland, WA.
Koba, Y. and H. Tanida. 1998. How do miniature pigs discriminate between people ? The effect of exchanging cues between a non-handler and their familiar handler on discrimination. Appl. Anim. Behav. Sci. 61 : 239-252.
木場有紀・谷田　創.1999.家畜はヒトを識別しているのか？——ヒトと家畜との相互作用.ヒトと動物の関係学会誌 3:72-78.
久保正法.1999.豚サーコウイルス.2.感染症.臨床獣医 17:28-33.
黒澤弥悦.1992.イノシシとブタの関係を探る.週刊朝日百科動物たちの地球 54:172-173.
楠原征治.1996.立てない豚.第31回日本豚病研究会講演要旨.
Lon, Z. and J. F. Hurnik. 1991. Paired circular crates : an ideal alternative for farrowing. Misset-Pigs. Nov./Dec. : 31-33.
真島英信.1990.生理学［改訂第18版］.文光堂,東京.
Marino, L. and C. M. Colvin. 2015. Thinking pigs: a comparative review of cognition, emotion, and personality in *Sus domesticus*. Int. J. Comp. Psychol. 28: 1-22.
丸山淳一.1996.IV.ブタ.6.繁殖.（田先威和夫,監修：新編畜産大事典）pp. 950-958.養賢堂,東京.
正木淳二,編.1992.哺乳動物の生殖行動.川島書店,東京.
McBride, G. 1963. The "teat order" and communication in young pigs. Anim. Behav. 11 : 53-56.
McBride, G., J. W. James and N. Hodgens. 1964. Social behaviour of domes-

tic animals. IV. Growing pigs. Prod. 6 : 129-139.
McBride, G., J. W. James and G. S. F. Wyeth. 1965. Social behaviour of domestic animals. VII. Variation in weaning weight in pigs. Anim. Prod. 7 : 67-74.
マクドナルド，D. W., 編．1986．今泉吉典，監修．動物大百科第4巻　大型草食獣．平凡社，東京．
Meese, G. B., O. J. Conner and B. A. Baldwin. 1975. Ability of the pig to distinguish between conspecific urine samples using olfaction. Physiol. Behav. 15 : 121-125.
三上仁志．1996．IV．ブタ，5．遺伝と育種．（田先威和夫，監修：新編畜産大事典）pp. 944-950．養賢堂，東京．
三村　耕，編．1997．改訂版家畜行動学．養賢堂，東京．
三村　耕・森田琢磨．1980．家畜管理学．養賢堂，東京．
美斉津康民・河上尚実・八木満寿雄・瑞穂　当．1980．豚の生態行動に関する研究．II．豚の鼻力について．日豚研誌 17 : 7-14.
宮腰　裕・集治善博・南雲忠雄・黒田由佳・近藤由美・近藤弘司・多田健二．1989．子豚の吸乳行動に関する研究．1．乳付き順位の形成と吸乳量に対する生時体重の影響．日豚会誌 26 : 203-209.
瑞穂　当．1982．繁殖生理．（熊谷哲夫・波岡茂郎・丹羽太左衛門・笹原二郎，編：豚病学［第2版］）pp. 810-830．近代出版，東京．
森　祐司．1993．動物の行動と匂いの世界．化学と生物 31 : 714-723.
Morris, J. A. and J. F. Hurnik. 1990. An alternative housing system for sows. Can. J. Anim. Sci. 70 : 957-961.
村上洋介．1999．オーエスキー病の清浄化は可能か．臨床獣医 17 : 34-37.
内藤元男．1974．新編家畜育種学［第4版］．養賢堂，東京．
中川志郎．1995．ブタの鼻ぢから．同文書院，東京．
中島芳雄．1993．眼の生理学．聖マリアンナ医科大学紀要 22 : 11-20.
中村　孝．1999．ゲッチンゲンミニブタ頭骨の大きさ．日豚会誌 36 : 23-24.
中西武雄・藤巻正生・安藤則秀・佐藤　泰・中村　良．1974．改訂新版畜産物利用学．朝倉書店，東京．
仲谷　淳．1996．イノシシ．（日高敏隆，監修：日本動物大百科第2巻　哺乳類II）pp. 118-122．平凡社，東京．
波岡茂郎．1997．ブタのおはなし．（日本実験動物協会，監修：どうぶつたちのおはなし）pp. 226-237．アドスリー，東京．
難波功一．1999．豚のニパウイルス感染症とその疫学．臨床獣医 17 : 19-22.
Neitz, J., T. Geist and G. H. Jacobs. 1989. Color vision in the dog. Visual Neuroscience 3 : 119-125.
日本家畜衛生学会，編．2015．最新家畜衛生ハンドブック．養賢堂，東京．

日本食肉消費総合センター,編. 1994. ミート・ミート・ムック. Vol. 2. 日本食肉消費総合センター,東京.

日本種豚登録協会,編. 1991. 豚産肉能力検定実務書. 日本種豚登録協会,東京.

日本養豚学会,編. 1999. 明解養豚用語辞典. 全国養豚協会,東京.

農業・食品産業技術総合研究機構,編. 2013. 日本飼養標準——豚［2013年版］. 中央畜産会,東京.

農林水産省畜産局. 2000. 家畜及び鶏の改良増殖目標——平成17年度目標及び平成22年度目標対照表. 中央畜産会,東京.

農林水産省経済局統計情報部,編. 1999. 畜産統計. 農林統計協会,東京.

農山漁村文化協会. 1972. 畜産シリーズ III　養豚 1. 農山漁村文化協会,東京.

大場磐雄. 1996. 十二支と十二獣. 北隆館,東京.

小原秀雄. 1972. 続日本野生動物記. 中央公論社,東京.

大石孝雄. 1996. 豚の遺伝資源の保全と利用. 日豚会誌 33：127-133.

奥村直彦・三橋忠由. 2001. ブタの毛色と毛色関連遺伝子. 日畜会報 72：524-535.

Pond, W. G. and K. A. Houpt. 1978. The Biology of Pig. Cornel University Press, New York.

Riol, J. A., J. M. Sanchez, V. G. Eguren and V. R. Gaudioso. 1989. Colour perception in fighting cattle. Appl. Anim. Behav. Sci. 23：199-206.

Rippel, R. H., Jr. 1960.［Signoret, J. P., B. A. Baldwin, D. Fraser and E. S. E. Hafez. 1975. The Behaviour of Swine. In：(E. S. E. Hafez ed.) The Behaviour of Domestic Animals. 3rd ed. pp. 295-329. Bailliere, Tindall, London. より引用］.

Robert, S., J. Dancosse and A. Dallaire. 1987. Some observations on the role of environment and genetic behaviour of wild and domestic forms of *Sus scrofa*（European wild boars and domestic pigs）. Appl. Anim. Behav. Sci. 17：253-262.

Rohde, K. A. and H. W. Gonyou. 1991. Attraction newborn piglets to auditory, visual, olfactory and tactile stimuli. J. Anim. Sci. 69：125-133.

Rosengren, A. 1969. Experiments in colour discrimination in dogs. Acta Zoologica Fennica 121：1-19.

RSPCA ed. 1999. Principal UK Animal Welfare Legislation. RSPCA, West Sussex.

Ruckebusch, Y. 1972. The relevance of drowsiness in the circadian cycle of farm animals. Anim. Behav. 20：637-643.

サベージ, R. 1991. 図説哺乳類の進化. 瀬戸口烈司,訳. テラハウス,東京.

坂本研一. 1999. 台湾における口蹄疫の経過とその後. 臨床獣医 17：23-26.

笹崎龍雄．1976．実地経営養豚大成［第2次改著］．養賢堂，東京．
佐藤英明．1998．異種臓器移植ドナーとしての遺伝子ノックアウトブタの開発．遺伝子医学2：210-216.
佐藤衆介．1987．豚もパンのみに生きるにあらず──行動学者の考えた豚舎．畜産の研究41：3-8.
佐藤衆介・近藤誠司・田中智夫・楠瀬　良，編．1995．家畜行動図説．朝倉書店，東京．
佐藤衆介・近藤誠司・田中智夫・楠瀬　良・森　裕司・伊谷原一，編．2011．動物行動図説──家畜・伴侶動物・展示動物．朝倉書店，東京．
佐藤隆士．1999．畜産行政に必要なし，国益にあらず──百害あって一利なしの「豚コレラ撲滅事業」の完全撤回を求める．養豚情報27：101-104.
正田陽一．1987．人間がつくった動物たち．東京書籍，東京．
正田陽一．1997．人と豚との交流史．ヒトと動物の関係学会誌2：8-12.
Signoret, J. P., B. A. Baldwin, D. Fraser and E. S. E. Hafez. 1975. The Behaviour of Swine. In : (E. S. E. Hafez ed.) The Behaviour of Domestic Animals. 3rd ed. pp. 295-329. Bailliere, Tindall, London.
Smith, S. and L. Goldman. 1999. Color discrimination in horses. Appl. Anim. Behav. Sci. 62 : 13-25.
総務庁統計局，編．1998．家計調査年報平成9年．日本統計協会，東京．
髙橋春成．1995．野生動物と野生化家畜．大明堂，東京．
田中一栄．1967．琉球諸島における豚．日本在来家畜調査団報告2：55-57.
田中一栄．1996．ブタの起源．(田先威和夫，監修：新編畜産大事典) pp. 917-918．養賢堂，東京．
田中一栄・黒澤弥悦．1994．リュウキュウイノシシの系統・分化．平成5年度文部省科学研究費研究成果報告書「動物遺伝資源としての在来家畜の評価に関する研究」pp. 111-116.
田中智夫．1997．個体維持行動．(三村　耕，編：改訂版家畜行動学) pp. 42-47．養賢堂，東京．
Tanaka, T., K. Asakawa, Y. Kawahara, H. Tanida and T. Yoshimoto. 1989a. Color discrimination in sheep. Jpn. J. Livest. Management 24 : 89-95.
Tanaka, T., M. Sekino, H. Tanida and T. Yoshimoto. 1989b. Ability to discriminate between similar colors in sheep. Jpn. J. Zootech. Sci. 60 : 880-884.
Tanaka, T., K. Odagiri, E. Shiose, T. Yoshimoto and K. Mimura. 1992. Developmental changes of play behavior in lambs. World Rev. Anim. Prod. 27 : 28-32.
Tanaka, T., Y. Murayama, Y. Eguchi and T. Yoshimoto. 1998a. Studies on the visual acuity of pigs using shape discrimination learning. Anim. Sci.

Technol.（Jpn.）69：260-266.
Tanaka, T., Y. Murayama, Y. Eguchi and T. Yoshimoto. 1998b. Studies on the visual acuity of pigs under low light intensity. Jpn. J. Livest. Management 34：57-60.
Tanaka, T., N. Ochiai, H. Tanida and T. Yoshimoto. 1998c. The role of visual, auditory, and olfactory stimuli in teat seeking behavior of piglets. Anim. Sci. Technol.（Jpn.）69：854-860.
田中智夫・吉本　正．1998．豚の聴覚閾値に関する研究．伊藤記念財団平成9年度食肉に関する助成研究調査成果報告書16：231-235.
Tanaka, T., T. Watanabe and T. Yoshimoto. 2000a. Color discrimination in dogs. Anim. Sci. J. 71：300-304.
Tanaka, T., M. Kawazaki and T. Yoshimoto. 2000b. Are litter mates needed for each piglet to keep its exclusive teat after establishment of a teat order? Anim. Sci. J. 71：609-613.
Tanaka, T., Y. Kumaki, K. Nishida and K. Uetake. 2013. Effects of early socialization by mixing with different litter during suckling period on behavior and growth rate of pigllets. Anim. Behav. Mang. 49: 147-152.
谷田　創・小嶋佳郎・田中智夫・吉本　正．1989．分娩時における母豚の皮膚温分布と新生子豚の乳頭探索行動の関係．家畜の管理25：8-9.
Tanida, H., Y. Murata, T. Tanaka and T. Yoshimoto. 1989. Mounting efficiencies, courtship behavior and mate preference of boars under multi-sire mating. Appl. Anim. Behav. Sci. 22：245-253.
Tanida, H., Y. Hara, T. Tanaka and T. Yoshimoto. 1990. Comparison of time spent on courtship behavior and number of mounts by boars in single and multi-sire mating. Jpn. J. Zootech. Sci. 61：283-288.
Tanida, H., N. Miyazaki, T. Tanaka and T. Yoshimoto. 1991a. Selection of mating partners in boars and sows under multi-sire mating. Appl. Anim. Behav. Sci. 32：13-21.
Tanida, H., N. Miyazaki, T. Tanaka and T. Yoshimoto. 1991b. Sexual behavior of boars under multi-sire mating in summer and fall. J. Anim. Sci. Technol.（Jpn.）62：271-276.
Tanida, H., K. Senda, S. Suzuki, T. Tanaka and T. Yoshimoto. 1991c. Color discrimination in weanling pigs. Anim. Sci. Technol.（Jpn.）62：1029-1034.
Tanida, H., T. Saito, T. Tanaka and T. Yoshimoto. 1992. Suckling behavior of piglets in a family pen system. J. Anim. Sci. Technol.（Jpn.）63：148-156.
田先威和夫・大谷　勲・吉原一郎・松本達郎．1974．家畜飼養学［第3版］．朝倉書店，東京．

Tisdell, C. A. 1982. Wild Pigs' Environmental Pest or Economic Resource ? 1st ed. Pergamon Press, Sydney.
渡辺弘之．1970．沖縄における洪積世人類化石の新発見．人類科学 23：207-215．
Weiss, R. A. 1998. Transgenic pigs and virus adaptation. Nature 391 : 327-328.
ウイルソン，E. O. 1999．伊藤嘉昭，監訳．社会生物学．新思索社，東京．
　　Wilson, E. O. 1975. Sociobiology. Havard University Press, Cambridge.
山内一也．1999．異種移植．河出書房新社，東京．
米川庄一郎．1999．不安・不信だらけの「豚コレラ撲滅事業」にもの申す．養豚情報 27：56-58．
吉本　正．1973．豚の採食行動と栄養摂取量．栄養生理研究会報 17：9-19．
吉本　正．1982．環境と管理．（熊谷哲夫・波岡茂郎・丹羽太左衛門・笹原二郎，編：豚病学［第 2 版］）pp. 999-1015．近代出版，東京．
吉本　正，監修．1996．畜産．全国農業改良普及協会，東京．
Yoshimoto, T. and T. Tanaka. 1988. Effects of feed form on the feeding behaviour of fattening pigs. Proc. 6th World Conf. Anim. Prod. (Helsinki, Finland), p. 647.
Young, R. J., J. Carruthers and A. B. Lawrence. 1994. The effect of a foraging device (The "Edinburgh Foodball") on the behaviour of pigs. Appl. Anim. Behav. Sci. 39 : 237-347.
Zonderland, J. J., L. Cornelissen, M. Wolthuis-Fillerup and H. A. M. Spoolder. 2008. Visual acuity of pigs at different light intensities. Appl. Anim. Behav. Sci. 111 : 28-37.

事項索引

[ア行]

赤肉　124
遊び（遊戯行動）　87
アニマルウェルフェア　142, 163
安楽行動　86
慰安行動　86
猪飼部（いかいべ）　19
胃潰瘍　133
育種学　140
維持行動　71
異種移植　158
異常行動　104
遺伝率　113
飲水行動　72, 76
衛生　141
衛生管理プログラム　132
H-Mシステム　149
栄養学　140
エジンバラ・フードボール　147
SPF　158
円形分娩柵　147
尾　42
オーエスキー病　131
雄の性成熟　48
雄ブタの生殖器　48
オペラント条件づけ　68

[カ行]

害獣　1
回避　93
外貌　20
夏季不妊　55
学習　68
カタ　126
家畜化　17
可聴閾　62
葛藤行動　104

環境管理　140
桿状細胞　60
儀式化　91
寄生虫病　133
偽牝台　113
脚弱症　135
逆説睡眠　79
求愛行動　96
嗅覚　64
休息行動　78
筋肉　43
群飼豚房　72
犬座姿勢　80
現場直接検定　117
攻撃　93
抗体（γ-グロブリン）　123
後代検定　115
口蹄疫　128
行動　71
行動学的研究　140
交配　119
交配適期　120
誇示　93
護身行動　83
個体維持行動　72
個体空間　92
骨格　41
古典的条件づけ　68
子ブタ期　122

[サ行]

在来豚　19
雑食動物　121
三元交配　34
産子検定制度　118
産肉能力検定　113
色覚　59
子宮角　52

試行錯誤　68
歯式　9
失宜行動　72
実験動物　152
脂肪　124
脂肪の質　127
脂肪の融点　127
社会空間行動　92
社会構造　88
社会組織　15
社会的順位　90
社会的促進　75, 99
社会的探査行動　92
射精量　49
周年繁殖　119
消化器　56
消化器病　133
常同行動　104
飼養頭数　107
食性　17, 57
食肉の消費傾向　110
初乳　122
徐波睡眠　79
鋤鼻器　95
視力　60
真空行動　104
人工授精　120
親和行動　94
錐状細胞　60
睡眠　79
水浴　83, 86
砂浴び　86
ズーノーシス　136
性行動　95
生産効率　141
正常体温　55
生殖行動　71, 95
生体恒常性　54
世界三大養豚地帯　109
背脂肪の厚さ　116
摂食行動　72, 74
摂食速度　74
染色体　5
相互グルーミング　86

[タ行]

体温調節機能　54
体細胞クローンブタ　160

ため糞　80
探査行動　87
単飼豚房　72
乳つき順位　89
聴覚　62
超急性拒絶反応　159
直接検定　116
直線的な順位形態　90
泥浴　83, 86
適応度　66
敵対行動　93
転位行動　104
転嫁行動　104
動機づけ　65
闘争　93
逃避　93
ドナー　158
豚コレラ　130

[ナ行]

鳴き声　63
日本飼養標準　121
日本脳炎　136
妊娠期間　100
認知　69
ヌタ場（ノタ場）　83
熱収支　55
ノックアウトブタ　159
ノンレム睡眠　79

[ハ行]

排泄行動　82
ハイブリッド　34
発情　52, 119
鼻の力　45
ハムの割合　116
バラ肉　126
繁殖学　140
繁殖能力　118
パンティング　83
肥育期　122
庇陰行動　83
鼻筋　45
鼻骨　45
ビタミン類　127
必須アミノ酸　126
ヒレ肉　126
貧血　123

品種　25
Five freedoms　147
ファミリーペン・システム　147
フェロモン　64
ブタの福祉　142
ブタ文化圏　110
ブランベルレポート　142
フレーメン　95
分娩　100
併用検定　117
ベーコンタイプ　24
ペニス（陰茎）　50
法定伝染病　128
放牧養豚　72
ポークタイプ　24
母系群　15
母系集団　88
哺乳期　122
本能行動（生得行動）　95

[マ行]

マーキング　82
身繕い行動　85
ミートタイプ　24

耳　47
群がり　83
メイティング・ソング　96
雌ブタの生殖器　50
免疫反応　158
毛色　20, 47
模擬的な闘争　88
モモ肉　126

[ヤ行]

有鉤条虫　136
四元交配　34

[ラ行]

ラードタイプ　24
累進交雑　22
ルーティング　87
レム睡眠　79
連合学習　69
ロース　126
ロースの断面積　116
ロースの長さ　116
肋骨　42

生物名索引

[ア行]

アジアイノシシ　13
イノシシ　1
イノブタ　5
イボイノシシ　7
インドイノシシ　15
ウェルシュ　27

[カ行]

カワイノシシ　7
金華豚（きんかとん）　31
黒豚　27
コビトイノシシ　12

[サ行]

スンダイボイノシシ　9

[タ行]

太湖豚（たいことん）　33
大ヨークシャー　25
タムウォース　27
チェスター・ホワイト　31
中ヨークシャー　26
ディコブネ類　6
泥炭豚（でいたんとん）　19
デュロック　30
桃園種（とうえんしゅ）　34

[ナ行]

ニホンイノシシ　13

[ハ行]

海南豚（はいなんとん）　34
バークシャー　26
バビルサ　9
ハンプシャー　29
ピエトレン　29
ヒゲイノシシ　9
ブリティッシュサドルバック　27
ペッカリー　9
ポーランド・チャイナ　31

[マ行]

マイクロピッグ　165
ミニブタ　154
梅山豚（めいしゃんとん）　32
モリイノシシ　7

[ヤ行]

野生化ブタ　3
ヨーロッパイノシシ　13

[ラ行]

ラージブラック　28
ランドレース　28
リュウキュウイノシシ　13

[編者紹介]

林　良博（はやし・よしひろ）

1946年　広島県に生まれる．
1969年　東京大学農学部卒業．
1975年　東京大学大学院農学系研究科博士課程修了．
東京大学大学院農学生命科学研究科教授，東京大学総合研究博物館館長，山階鳥類研究所所長，東京農業大学教授などを経て，
現　在　国立科学博物館館長，東京大学名誉教授，農学博士．
専　門　獣医解剖学・ヒトと動物の関係学．「ヒトと動物の関係学会」を設立，初代学会長を務め，「ヒトと動物の関係学」の研究・普及・教育に尽力する．
主　著　『イラストでみる犬学』（編，2000年，講談社），「ヒトと動物の関係学［全4巻］」（共編，2008-2009年，岩波書店）ほか．

佐藤英明（さとう・えいめい）

1948年　北海道に生まれる．
1971年　京都大学農学部卒業．
1974年　京都大学大学院農学研究科博士課程中退．
京都大学農学部助教授，東京大学医科学研究所助教授，東北大学大学院農学研究科教授，紫綬褒章受章，日本学士院賞受賞，家畜改良センター理事長などを経て，
現　在　東北大学名誉教授，農学博士．
専　門　生殖生物学・動物発生工学．体細胞クローンや遺伝子操作など家畜のアニマルテクノロジーを研究テーマとする．
主　著　『動物生殖学』（編，2003年，朝倉書店），『アニマルテクノロジー』（2003年，東京大学出版会）ほか．

眞鍋　昇（まなべ・のぼる）

1954年　香川県に生まれる．
1978年　京都大学農学部卒業．
1983年　京都大学大学院農学研究科博士課程研究指導認定退学．
日本農薬株式会社研究員，パスツール研究所研究員，京都大学農学部助教授，東京大学大学院農学生命科学研究科教授などを経て，
現　在　大阪国際大学学長補佐教授，日本学術会議会員，東京大学名誉教授，農学博士．
専　門　家畜の繁殖，飼養管理，伝染病統御，放射性物質汚染などにかかわる研究の成果を普及させて社会に貢献することに尽力している．
主　著　『卵子学』（分担執筆，2011年，京都大学学術出版会），『牛病学　第3版』（編，2013年，近代出版）ほか．

[著者紹介]

田中智夫（たなか・としお）

1953年	大阪府に生まれる.
1977年	広島大学水畜産学部卒業.
1979年	広島大学大学院農学研究科修士課程修了.
	麻布大学助手, 同助教授, 同教授, グェルフ大学（カナダ）客員教授などを経て,
現　在	麻布大学名誉教授, 農学博士.
専　門	家畜行動学. 家畜を中心とした飼育動物の環境について, アニマルウェルフェアの観点から行動学的研究を展開する. とくに最近は, 動物の感覚能力や認知能力に関する研究を多く手がけている.
主　著	『動物行動図説』（共編, 2011年, 朝倉書店）,『ヒツジの科学』（編, 2015年, 朝倉書店）ほか.

アニマルサイエンス④
ブタの動物学 [第2版]

2001年10月10日　初　版第1刷
2019年 9 月10日　第2版第1刷

［検印廃止］

著　者　田中智夫

発行所　一般財団法人　東京大学出版会

代表者　吉見俊哉

〒153-0041　東京都目黒区駒場4-5-29
電話 03-6407-1069　Fax 03-6407-1991
振替 00160-6-59964

印刷所　株式会社三秀舎
製本所　誠製本株式会社

Ⓒ 2019 Toshio Tanaka
ISBN 978-4-13-074024-1　Printed in Japan

JCOPY 〈出版者著作権管理機構 委託出版物〉

本書の無断複製は著作権法上での例外を除き禁じられています. 複製される場合は, そのつど事前に, 出版者著作権管理機構（電話 03-5244-5088, FAX 03-5244-5089, e-mail: info@jcopy.or.jp）の許諾を得てください.

身近な動物たちを丸ごと学ぶ

林 良博・佐藤英明・眞鍋 昇[編]

アニマルサイエンス[第2版]

[全5巻]
- ●体裁：A5判・横組・平均224ページ・上製カバー装
- ●定価：各巻定価（本体価格3800円+税）

①ウマの動物学[第2版] 近藤誠司

②ウシの動物学[第2版] 遠藤秀紀

③イヌの動物学[第2版] 猪熊 壽・遠藤秀紀

④ブタの動物学[第2版] 田中智夫

⑤ニワトリの動物学[第2版] 岡本 新